KB270078

아이 셋
워킹맘의
간결한 살림법

아이 셋 워킹맘의 간결한 살림법

육아, 가사, 일… 무리하지 않는
미니멀 살림 노하우

오자키 유리코 지음 | 강수연 옮김

글담출판

"당신의 삶이 편안해지는 힌트가 되기를"

이런 고민을 하고 있지는 않나요?

"금세 방이 어질러져요."
"식사 준비가 너무 힘들어요."
"빨래를 해도 해도 끝이 없어요."

주부라면 누구나 하는 고민들이지요. 저 역시 마찬가지였습니다. 저는 18세, 13세, 8세인 아들만 셋을 키우고 있는 워킹맘입니다. 아직 손이 많이 가는 막내를 케어하며 다른 두 아이들을 챙기랴, 회사일까지 하려니 하루 24시간이 모자랐지요. 하지만 저는 남들처럼 잘 살기 위해서라도, 우리 아이들을 잘 키우기 위해서라도 좀 더 힘내야 한다고, 더 열심히 살아야 한다고 매일 제 자신을 다독였습니다.

그런데 아무리 열심히 해도 대출금에 늘 허덕였고, 앞으로 점점 더 늘어갈 아이들의 교육비는 어떻게 감당해야 할지. 제 노후에 대해서는 생각하지도 못했습니다. 항상 삶에 쫓기는 기분이었지요.

그러던 중 한 가지 방법을 찾은 뒤부터 삶이 한결 가볍고 간결해졌습니다.

그것은 바로 비우고 줄이며, 무리하지 않는 살림입니다. 저는 이미 제가 많이 소유하고 있다는 사실을 깨닫게 되었습니다.

"나는 정말 어떠한 삶을 살고 싶은가?"
"제한된 시간과 돈을 사용하여 정말로 이루고 싶은, 지키고 싶은 소중한 가치란 무엇일까?"

스스로에게 되물으며 제게 소중한 것들만 남겨 나갔더니, 1년 후 주거비를 연간 100만 엔 이상 절약하는 기적이 생겼습니다. 늘 쫓기던 가사가 즐겁고 간결해졌습니다. 그리고 그동안 느끼지 못했던 여유와 풍족한 자유가 제게 찾아왔습니다.

저의 그런 변화를 블로그에 올리자 많은 분이 방문하여 좋아해 주시고 응원을 남겨 주었습니다. 덕분에 이렇게 책으로까지 나오게 되었습니다.

아이가 셋이어도, 일하는 엄마여도 가능한 간결한 살림법을 함께 나누고자 합니다. 이 책이 당신의 삶을 편안하게 만드는 힌트가 되길 바랍니다. 유익한 도움이 될 수 있도록, 블로그에는 미처 담지 못했던 이야기들까지 가득 담았습니다.

차례

PART 1

워킹맘, 간결한 살림을 시작하다
얼마나 더 노력해야, 더 가져야 행복해질 수 있을까?

PART 2

간결한 살림을 시작하는 5가지 스텝

삶에서 소중한 것만 남기는 법

PART 3

버리고 비울수록 가족의 삶이 윤택해진다

현명하게 물건, 돈, 시간을 사용하는 경제적인 비우기법

대형 가구·침구

의류·옷장

가족의 추억이 담긴 사진과 동영상

PART 4

매일매일 깨끗하고 즐거운 간결한 살림법
청소, 요리, 수납이 편하고 기분 좋아지는 살림법

가족이 함께하는 부엌

요리가 간편해지는 수납

PART 1

얼마나 더 노력해야, 더 가져야
행복해질 수 있을까?

차와 집은 크고 좋아야 하며 돈은 더 많이

벌어야 한다고 생각하면서 살아왔습니다.

이미 충분히 가졌음에도

부족한 점만 눈에 들어왔지요.

그런데 아무리 열심히 살아도 삶이

만족스럽지 않았습니다.

워킹맘, 간결한 살림을 시작하다

열심히 하면 찾아올 줄
알았던 행복

막연한 미래, 경제적인 불안……

경제 성장이나 종신 고용은 과거의 이야기가 되어 버렸습니다. 열심히 납부하고 있는 연금조차 미래에 제대로 받을 수 있을지 의문이지요. 아이를 낳는다면 잘 키우고 싶은데, 그럴 수 있을지 자신이 없어 포기하고 맙니다. 수입이 불안해서 결혼도 포기합니다. 직장에서는 보너스가 더 이상 나오지 않을지도, 아니 언제 정리 해고를 당할지 알 수 없습니다. 힘든 건 나만의 이야기인 것처럼 여겨지지만 좋은 직장으로 꼽는 대기업과 공기업마저 어려운 게 오늘날 현실입니다.

저 역시 줄곧 이런 불안과 함께 생활해 왔습니다. '좀 더 일해야', '훨씬 더 많이 벌어야', '보다 열심히 살아야', '앞으로 더 잘해야' 한다고 생각하면서 말이지요.

이미 충분히 가졌다는 사실을 깨닫지 못하고, 모자라는 점에만 주목해 왔습니다. 수많은 것들을 가지고 있음에도, 많은 물건에 둘러싸여 있음에도, 항상 부족하게만 느껴졌습니다.

신혼을 시작한 집의 크기는 $40m^2$(12평), 방 2개가 전부인 저가 임대 주택이었습니다. 큰아들이 태어난 뒤 $50m^2$(15평)인 방 3개짜리 저가 임대 주택으로 옮겼습니다. 그리고 둘째가 태어난 무렵에는 $90m^2$(27평) 크기의 맨션으로 이사했습니다. 집은 넓을수록 좋다고 생각해서 점점 더 넓은 집으로 옮겼지요.

저는 회사원인 남편과 결혼을 한 뒤에도 계속 회사에 다녔습니다. 하지만 첫째 아이가 태어난 뒤에는 회사를 그만둘 수밖에 없었습니다. 지금 다니고 있는 건설 컨설턴트 회사에 들어간 건 2년 뒤의 일이었습니다. 출산 휴가 중에도 쉬지 않고 독학으로 2급 건축사, 인테리어 코디네이터, 정리 수납 코치 1급 자격증을 딴 것이, 재취업에 많은 도움이 되었지요. 그때 따놓은 자격증으로 현재 설계 보조 일을 하고 있습니다. 그러나 둘째 아이가 태어나고 나서는 풀타임 근무는 도저히 무리였습니다. 파트타임 근무로 업무를 조정해야만 했습니다.

직장에 다니든, 다니고 있지 않든 저는 항상 '좀 더 노력해야 해!' '더 열심히 일해야 해!' 하는 마음으로 스스로를 다그쳤습니다. 그런 마음에 쫓겨 맞벌이를 해왔습니다.

그러나 제가 아무리 열심히 발을 동동 굴려도, $90m^2$ 크기의 집에 살 때는 눈코 뜰 새 없이 바빠서 집을 정리할 시간이 도저히 나지 않았습니다. 집이 정리되어 있지 않으니 편히 쉴 수도 없었지요. 휴일에는 집에서 도망치듯이 외출하였습니다. 주중에 쌓인 스트레스를 해소하려고 쇼핑에 돈을 아끼지 않는 악순환이 반복되었습니다. 멋진 인테리어 소품을 사서 장식해 놓아도 먼지를 털 시간이 없었습니다. 늘기만 하고 줄어들 줄 모르는 물건들은 차례로 집을 잠식해 갔습니다.

그러던 중 살던 맨션을 재건축하게 되어 이사를 해야 했습니다. 이를 계기로 그때까지의 생활을 다시 바라보게 되었습니다.

집은 넓어지는데 왜 내 삶은 더 팍팍해지는 걸까?

이사를 위해 집을 알아보러 다니다 보니, 지금 살던 집과 비슷한 크기로 옮기려면 돈이 더 필요했습니다. 당연히 대출을 늘려야 했지요. 또 물건이 많다 보니 이사 비용도, 노력도, 그만큼 커진다는 사실을 깨달았습니다.

이때부터 저는 집을 다르게 바라보기 시작했습니다. 맨션이나 단독 주택과 같은 건물은 감가상각이 되어서 해가 지날수록 가치가 줄어듭니다. 집의 자산 가치는 세월이 지나면 대부분 떨어지지요. 특히 토지 지분이 적은 신축 맨션의 매각 가치는 구입가보다 큰 폭으로 하락합니다.

신축 맨션은 어찌 보면 신축이라는 몇 백만 엔짜리의 화려한 포장지에 쌓인 선물과도 같습니다. 그 신축이라는 포장지를 벗기면 하루만 살아도, 입주를 하지 않아도, 선물의 가치는 떨어져 중고가 됩니다.

모델 하우스는 꿈을 보여 주는 곳입니다. 그리고 "대출금 상환은 수입의 3분의 1이면 OK" "35년 주택 자금 대출로 내 집 마련!" 하는 식으로, 마음만 먹으면 이런 꿈같은 집을 살 수 있다고 유혹합니다. 평소 집은 넓을수록 좋다고 생각하고 있었던 사람이라면, 저도 모르게 이런 말에 넘어가게 됩니다. 무리를 해서라도 욕심내게 되지요.

막 집을 구입했을 때는 넓고 쾌적한 집에 만족스러울지도 모릅니다. 하지만 넓어진 집만큼 불어난 대출을 갚기 위해 마음도 몸도 더욱 바빠집니다. 집에서 느긋하게 쉬거나 아이들과 함께할 겨를도 없이 끊임없이 일해야 합니다. 여유가 없어지는 것이지요.

제 삶이 그러했습니다. 집은 넓어지는데 제 삶은 오히려 더 팍팍하고 숨 쉴 틈이 없어지는 느낌이었습니다.

내가 간결한 살림을 시작한 이유

작은 집으로 이사하다

이사를 계기로 집을 다르게 보기 시작하면서 돈 쓰는 법에 대해서도 달리 생각해 보게 되었지요. 돈 쓰는 법에는 '투자, 소비, 낭비' 세 종류가 있습니다. 사회에 도움이 되면서 돈을 버는 것이 투자, 필요한 것에 돈을 쓰는 것이 소비, 도움이 되지 않는 헛된 데 돈을 쓰는 것이 낭비라고 한다면, 집을 사는 것 역시 낭비에 속하는 게 아닐까요. 그것도 사용하지 않을 물건을 가득 담아 두기 위한 낭비 말입니다.

산뜻하게 살기 위해서는 수납과 가구가 차지하는 공간이 바닥 면적의 3분의 1 이내여야 한다고 합니다. 예를 들어 총 면적이 70m^2인 방 3개짜리 신축 맨션의 1m^2당 판매 평균 단가가 65만 엔이라고 하면 구입가는 4,550만 엔. 이 가운데 '쾌적한 수납과 가구 면적'은 70m^2의 3분의 1인 약 23m^2. 가격으로 환산하면 약 1,500만 엔입니다(일본 신축 맨션의 1m^2당 평균 가격은 65만 4,000엔. 2015년 부동산경제연구소 조사).

이렇게 돈으로 환산하니 크게 와닿습니다. 이는 쾌적한 수납 면적이니, 보통 집은 저것보다 더 많은 공간을 물건들에 빼앗기고 있겠지요. 그중에는 아까우니 버릴 수 없다는 이유로 쟁여 둔 사용도 안 할 불필요한 물건들도 상당히 많을 것입니다.

이 계산은 어디까지나 주택의 구입 가격일 뿐이며 매달 내는 관리비, 재산세 등은 포함되어 있지 않습니다. 또한 이 장소를 관리하고 청소하기 위해 드는 시간과 노력도 포함되어 있지 않습니다.

반대로 물건이 거의 없으면 47m^2의 잡은 집일지라도 여유 있게 생활할 수 있습니다. 구입비는 4,550만 엔에서 약 3,000만 엔 정도로 줄어듭니다. 집을 줄이고 물건을 줄이면 왠지 손해 보는 것 같은 기분이 들지만, 사실은 그럼으로써 널찍하게 살면서도 1,500만 엔 이상을 절약하는 셈입니다. 대출 이자까지 생각하면 금전적 절약은 그 이상이 되겠지요.

실제로 작은 집으로 이사하면서 저희 집 재산세는 30%나 줄었습니다. 방이 좁으니까 열효율이 좋아져서 냉·난방비도 예전만큼 들지 않더라고요. 관리비와 대출금 상환, 가구·소모품 등을 환산하니 이사하기 전과 비교해 매달 약 10만 엔, 연간 100만 엔 이상 줄일 수 있다는 사실을 알았습니다.

:: 우리 가족의 주거비 변화 그래프(월평균) ::

년	2008	2009	2010	2011	2012	2013	2014	2015	2016
월평균 합계	154,057	150,402	156,304	190,147	154,611	143,323	151,288	57,205	40,549
관리비	23,600	23,850	23,900	23,900	23,900	23,900	24,075	23,083	23,800
대출 상환금	100,008	100,008	100,000	100,000	100,000	100,000	100,000	0	0
잡화	1,711	4,919	4,035	911	7,011	11,576	5,371	7,002	8,874
화재 보험	1,000	1,000	1,000	1,000	1,000	1,000	1,000	825	825
가구류	21,153	10,975	20,743	46,537	20,971	4,924	17,738	10,296	0
소모품	6,122	203	6,626	3,084	1,442	1,566	3,318	4,415	7,050
수선 DIY	462	9,446	0	14,715	287	357	−214	11,583	0

- 2015년 이사할 때 그 전에 살던 맨션을 매각. 대출을 완전히 상환하였다.
- 현재 사는 집은 현금으로 구입했기 때문에 대출 상환금은 0엔이다.
- 화재 보험, 가구류 등의 지출도 줄어들면서 월평균 지출액이 약 10만 엔 줄었다.

:: 우리 가족의 거주 변화 ::

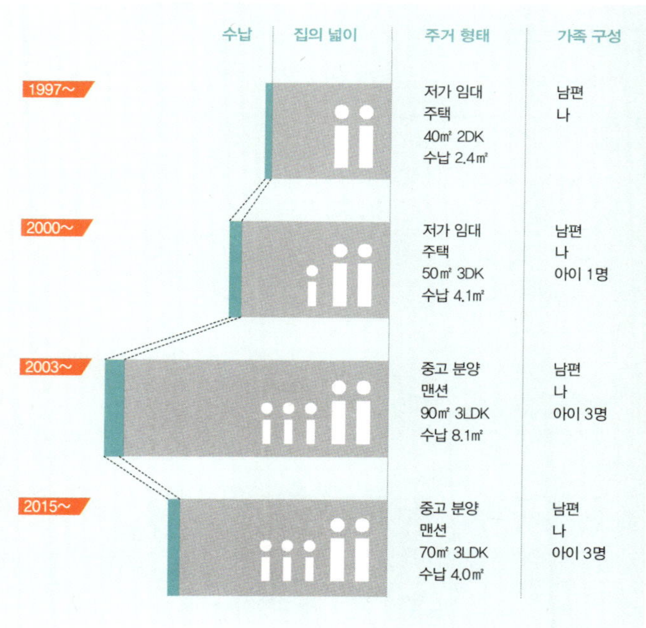

- 가족이 늘어남에 따라 점점 넓은 집으로 옮겨서 2003년에 90㎡ 크기의 분양 맨션으로 이사했다. 그 후 일을 파트타임으로 전환하였다.
- 2015년 맨션의 재건축을 계기로 약 70㎡인 집으로 옮기며 수납 면적도 절반으로 줄었다.

  (LDK : 거실Living과 식사 공간Dining과 부엌Kitchen이 일체화된 형태. 앞의 숫자는 방의 개수－옮긴이)

간결한 살림이 가져다준 새로운 삶의 선택지

물건을 줄이는 것 이상의 의미

간결한 살림을 시작한다는 것은 단순히 집을 줄이고, 물건을 줄이는 것만을 의미하는 건 아닙니다. 금전적 지출이 줄어든다는 의미 외에도 삶에 새로운 선택지를 가져와 줍니다.

그것이 가능한 이유는 사실 의외로 간단합니다. 예를 들어 세금이나 보험을 제외하고 그동안 주거비에 사용된 비용이 연간 300만 엔이라고 했을 때, 간결한 살림을 시작하면서 1,500만 엔을 절약한다는 건 5년 동안 일하지 않아도 된다는 것을 의미합니다.

만약 아이가 태어났다면 복직 시기를 5년 정도 여유 있게 늦출 수도 있겠지요. 물론 그 공백 기간이 커리어나 재취업에 영향을 줄 수도 있습니다. 하지만 사회에서 나를 대신할 사람은 있어도 육아에서 나를 대체할 사람은 찾기가 상당히 어렵습니다.

또한 임대 주택에 살다가 작은 집으로 옮겨 절약할 수 있는 월세가 5만 엔이라면, 아르바이트 시급을 1,000엔으로 가정했을 때 한 달에 50시간을 일하지 않아도 되는 금액입니다. 하루에 5시간 일하는 사람이라면 한 달에 열흘은 일하지 않아도 됩니다. 출퇴근에 소모되는 시간을 감안한다면 더 많은 자유 시간이 주어지는 셈이죠.

물론 이런 수치적인 계산과 현실이 일치하는 건 아닙니다. 하지만 저는 간결한 살림을 시작한 덕분에 일하는 시간을 줄일 수 있었습니다. 하루 근무를 2시간 줄여 파트타임으로 일하게 된 거죠. 회사에서는 일에 쫓기고, 집에 오면 살림에 쫓기는 생활에 변화를 가져올 수 있었습니다. 풀타임으로 일할 때는 느끼기 어려웠던 여유 있는 삶을 누리게 되었습니다.

객관적으로 보면 $90m^2$짜리 신축 맨션에 사는 편이 '여유 있는 생활'로 보일지도 모릅니다. 하지만 우리 집의 수입으로는

70㎡ 중고 맨션이 능력에 맞으며, 실질적으로 여유 있는 생활이 가능하다고 확신했습니다. 그 편이 맨션 대출금으로 나가던 금액을 저금해 놓을 수도 운용할 수도 있지요. 자산은 현금화하기 쉬운 형태로 보유한다는 '현금 부자'의 발상에 따르면 말입니다.

이렇게 마련한 자금은 우리 집은 아이가 셋이므로 코앞으로 다가온 교육비라는 산을 보다 여유 있게 오를 수 있게 해줄 것입니다. 혹은 다시 거처를 옮길 때를 대비한 준비금이나 노후 자금이 될 수도 있겠지요.

생활이 자유로워지는 낭비 없는 공간

살림을 줄여 간결하게 살아 보면 그 밖에도 많은 장점이 있습니다.

방이 작아서 청소가 빨리 끝납니다. 청소기를 돌리는 면적이 좁고 큰 가구가 없으므로 청소가 금방 끝납니다. 또 예전에는 아이들 방이 위층에 있어서 아이들이 방에 틀어박히면 무얼 하는지 알기 어려웠지만, 집이 좁아지자 가족의 기척을 잘 느낄 수 있게 되었습니다.

집 안의 동선이 짧으니 청소 이외의 집안일도 빨리 끝납니다. 식탁에 앉아서도 뒤를 돌면 싱크대, 손을 뻗으면 냉장고가 있어서 "저거 줘."라는 말을 들으면 앉은 채로 건넵니다. 식탁과 싱크대의 거리가 가까워서 식기를 놓거나 치우는 일도 쉽습니다.

낭비가 없는 공간에서는 생활의 기본인 '먹기', '자기', '쉬기'가 순조롭게 이루어집니다.

PART 2

남과 비교하지 않고 어디까지나

나를 기준으로 고르며,

정말로 필요하고 좋아하는 물건만

남기기로 했습니다.

간결한 살림을 시작하는

5가지 스텝

내가 꿈꾸는 이상적인 삶의 방식 정하기

이상적인 삶의 방식이란

간결한 살림이란 무조건 줄이고, 비우고, 버리는 것만을 의미하는 건 아닙니다. 무엇을 비우고 줄일 것인가, 이에 대한 분명한 기준이 있어야 한다고 생각했습니다. 그래서 우선 생각해보기로 했습니다.

내가 바라는 가장 이상적인 삶이란, 무엇인가?

어릴 적 읽었던 동화에 나오는 평온한 세계? 전쟁이 없는 세계? 아니면 인간이 우주에서도 살 수 있는 세계? 돈 걱정 없이 사는 삶? 아이들을 훌륭한 사람으로 키우는 삶? 좋아하는 물건에 둘러싸여 좋아하는 사람과 함께하는 인생?

제가 꿈꾸는 가장 이상적인 세계란 '아이들이 안심하고 마음껏 활기차게 살 수 있는 세계'였습니다. 그래서 그런 이상적인 세계를 실현하기 위해서는 어떻게 살아야 하는지 생각했습니다.

물건을 많이 소유하던 시절 저는 큰 과오를 범했습니다. '아이들이 안심하고 마음껏 활기차게 살 수 있는 세계'를 꿈꾸면서도, 저 자신만은 풍요로워지려고 했습니다. 거리낌 없이 소비하며 정작 아이들이 살아갈 미래에 대해 전혀 관심을 기울이지 않았습니다. 제가 꿈꾸는 세계는 지금처럼 대량 소비, 대량 폐기 하는 생활로는 결코 이룰 수 없는 것이었습니다.

우리들은 최근 몇 십 년의 짧은 기간 동안 자연의 베풂을 고갈시키며 살아왔습니다. 이런 삶이 이어진다면 세상이 지속될 수 없음을 깨달은 사람들이 요즘 하나둘 늘고 있습니다. 더 이상 회피할 수 없는 현실이 된 셈입니다.

그래서 결심했지요. 이상적인 삶과 멀어지는 생활을 그만두자고요. 많이 소비하지 말고, 많이 버리지 말고, 가능한 범위에서 자연과 조화를 이루며 아이들에게 아름다운 세상을 남기는 생활을 하자고 말입니다.

되도록 자연의 순리에 따르며, 자연계의 균형을 무너뜨리지

않는 물건만 최소한으로 소유하는 그런 생활을 하자고 결심했

습니다.

풍요로움은 이미 내 마음속에 있다

많은 사람이 보다 풍요로운 생활을 바랍니다. 예전에는 저 역시 마찬가지였습니다. 얼마나 많이 벌었나, 얼마만큼 좋은 물건을 가졌는가에 따라 성공 여부가 정해진다고 생각했습니다.

하지만 이런 생각은 제가 진정으로 지향한 가치관이 아니었습니다. 성공하지 않아도, 물건을 많이 소유하지 않아도, '보다 풍요로운 생활'은 가능합니다. 이상적인 생활을 하루하루 의식하며 이어 가는 사이 예전에 느끼지 못한 풍요로움을 느낄 수 있었습니다.

풍요로움은 돈으로는 결코 살 수 없으며, 내 안에 이미 있다는 사실을 깨달았습니다.

'좋다!' '멋지다!'라는 생각이 들더라도, 이상적인 생활을 위해 갖지 않을 물건, 하지 않을 일을 정했습니다. 그러자 욕망에 휘둘리지 않게 되었습니다. 제한된 시간과 돈을 우선순위에 따라 균형 있게 분배하자 조금씩 꿈에 가까운 삶을 실천할 수 있게 되었습니다.

예를 들어 저는 다음과 같은 기준들을 정했습니다.

공들여 만든 작가의 그릇

작가들이 만든 예쁜 그릇을 보면 절로 시선이 갑니다. 하지만 지금은 아이들의 균형 잡힌 좋은 식사를 우선하고 싶습니다. 그래서 식기세척기를 사용해도 잘 깨지지 않는 그릇을 선호합니다. 아이들도 종종 집안일을 거들어 주기 때문에 아이들 손에 조금 깨졌다고 해서 신경질을 내고 싶지는 않습니다. 작가가 만든 멋진 그릇은 아이들이 자란 후에 즐겨도 충분합니다. 리차드 지노리의 베키오 화이트는 다루기 쉽고 근처 슈퍼마켓에서도 팔고 있어서 구입하기 편리하다는 점이 마음에 듭니다. 물론 디자인도 아주 예뻐 더욱 좋습니다.

지나치게 근사한 인테리어

외국 서적이나 잡지, 인터넷에 실린 근사한 인테리어를 보아도 지금의 제 생활에는 불필요하게 여겨집니다. 아무리 멋진 잡화를 장식해 놓아도 귀차니스트인 저는 먼지만 쌓아 둘 것 같으니 장식품은 필요하지 않습니다.

그러면 집이 장식 하나 없는 살풍경이냐고요? 그렇지 않습니다. 집에는 가족이 살고 있지요. 가족이 움직이는 기척이나 소리로 우리 집은 항상 북적입니다. 장식이 많으면 시각적으로 번잡스러울 뿐입니다. 사람이 없을 때 조금 단조로운 정도가 딱 좋습니다.

조화 장식

생화는 때때로 집에 장식해 화사함을 돋웁니다. 하지만 조화는 장식해 두어도 생화가 주는 싱싱한 생명력을 집 안에 전달해 주지 못합니다. 오히려 먼지가 쌓여 청소하기 귀찮기만 합니다.

나이보다 젊게 보이려는 노력

제가 멋지다고 느끼는 여자들은 젊어 보이는 사람이 아니라, 내면에서 발산하는 힘이 가득 넘치는 사람입니다. 누구나 나이를 먹고, 세월의 풍화가 얼굴에 남기 마련입니다. 이 노화를 억지로 거스르고 싶지 않습니다. 젊어 보이려고 아등바등하기보다 아름다운 주름이 생기게끔 살고 싶습니다.

외식

가족끼리 오붓하게 즐기는 외식은 말만 들어도 좋습니다. 하지만 한창 성장 중인 아들 셋이 있는 5인 가족이 웬만큼 괜찮은 걸 먹으려면 상당한 지출이 따릅니다. 값이 싼 식당은 사용하는 식재료의 원산지가 의심스럽고 신경 쓰입니다. 집에서 좋은 식재료로 정성껏 만든 밥이 가장 저렴하고 맛있습니다.

매일 맛있는 메뉴

요즘에는 가정에서도 프랑스 요리, 중화 요리, 이태리 요리를 즐기는 집들이 늘고 있습니다. 식탁이 풍요로워진 것이지요. 그런데 매일 다른 메뉴일 필요가 있을까요. 간소하면서도 맛있고 안전한 먹을거리는 많이 있습니다. 재료가 좋으면 품을 많이 들이지 않아도 맛있습니다.

지루하게 이어지는 SNS, 스마트폰 사용 시간

스마트폰은 우리에게 새로운 세상을 열어 줍니다. 생활에 매우 도움이 되기도 하지만 엄청난 독이 되기도 하지요.

찾고자 하는 정보가 있다면 인터넷 친구들에게 물어보면 됩니다. 하지만 이야기가 지나치게 길어지면 정작 필요한 정보는 빈약해집니다. 정보 수집은 스스로 하는 편이 정확할 때가 많습니다. 또한 때때로 SNS가 보여 주는 친구들의 멋진 삶에 없던 자괴감이 들기도 합니다. 바람직하게 조절하며 사용하는 의지가 필요합니다.

물건을 줄여 홀가분해지기

삶이 가벼워지는 줄이는 방법

싸고 예쁘다고 소유하지 않는다

물건을 줄이는 첫 번째 기준으로 '이상적인 생활에 어울리지 않는 물건은 소유하지 않기'로 정했습니다. '싸니까', '예쁘니까', '갖고 싶으니까'라는 이유는 금물.

'너무 싼 것', '먼 데서 온 것(특히 먹을거리)'은 세상의 어딘가에서 억지로 만들어 낸 결과물이라고 생각합니다. 제가 이상으로 삼는 생활을 실현하기 위해 이런 것들은 되도록 사지 않기로 했습니다.

남에게 보이기 위한 물건은 갖지 않는다

오로지 자기 과시욕을 충족하기 위해 물건을 소유할 때가 있습니다. 그런 물건이 없다고 해서 부족하다고 생각하지 않기로 했습니다. 남에게 보이기 위해 비싼 차나 큰 집을 사면 스스로 괴로워질 뿐입니다. 주변 사람들의 부러움은 잠깐입니다. 남과 비교하지 않고 어디까지나 나를 기준으로 고르며, 정말로 필요하고 좋아하는 물건만 갖기로 했습니다.

나만의 기준을 만들어 나간다

우리 집에서는 당연시 여기던 것이 바깥세상에서는 상식이 아니기도 합니다. 또한 살고 있는 지역이나 국내에서는 상식적이어도 그 외의 세계에서는 상식이 아닌 경우도 있습니다. 필요하지 않은데 하고 있는 것, 예전에는 필요했지만 생활이 바뀌어 불필요해진 것들을 찾아 중단했습니다.

평소에 '이거 필요해?'라고 묻는 습관은 잡동사니에 파묻히지 않고 생활하기 위해 반드시 갖추어야 할 태도입니다.

무리하지 않는다

무언가에 도전하여 성장한다는 건 훌륭한 일이지요. 하지만 능력에는 개인차가 있고, 잘하는 분야와 잘하지 못하는 분야도 제각각입니다. 자신의 능력 이상으로 무리하여 추구하지 않기로 했습니다. 어떻게 해도 안 되는 일은 하지 않는다고 정하거나 다른 사람의 도움을 받습니다.

좋아하는 물건과 하고 싶은 일이 많아도 잘 관리할 수 있는 사람이 있는가 하면, 저처럼 물건이 적어도 정리하는 데 품이 많이 드는 사람도 있습니다.

지금 해야 하는 일, 꼭 필요한 것만

세상에는 근사한 물건, 멋진 일들이 참 많습니다. 하지만 그걸 모두 소유할 필요도, 해야 할 필요도 없습니다. 나만의 이상적인 삶을 위해 그것이 '지금' 해야만 하는 일인지, 꼭 가져야만 하는 것인지 질문해 봅니다.

이것저것 다 하고 싶다고 욕심을 부리면 시간과 돈만 사라집니다. 그것을 갖거나 했을 때 느끼는 즐거움도 충분히 음미하지 못합니다. 진정으로 지금 하고 싶은 일, 꼭 필요한 물건에만 집중합니다. 그러면 자신이 가진 것의 의미가 더욱 깊어집니다.

'줄이는 물건'보다 '남길 물건'에 주목한다

정리법 책을 보다 보면 '전부 꺼내서 좋아하지 않는 물건은 버리라'는 조언이 자주 나옵니다. 이 방법은 사실 꽤 효과가 있습니다. 단점이라면 전부 꺼내 놓은 뒤 정리까지 모두 끝내려면 상당한 시간이 걸린다는 점입니다. 시간이 부족한 사람에게는 적절치 않는 방법이지요.

시간이 있다고 해도 물건을 전부 꺼내는 데도 시간이 걸리는 데다 무엇을 버리고, 무엇을 놔둘지 고르기도 쉽지 않습니다. 결국 정리를 선언했을 때보다 방만 더 어지러워고, 미니멀 라이프라니, 내게는 무리인 듯합니다.

후회 없이 물건을 줄이는 가장 좋은 방법은 버리는 이유를 생각하기보다 '평소 좋아해서 잘 쓰는 물건'을 골라내는 것입니다. 그 이외에는 버리는 것이지요.

많은 사람이 물건을 필요 이상으로 너무 많이 소유합니다. 2개 있는 걸 하나씩 줄이다 보면 집을 가득 메우던 물건들이 절반으로 줄어듭니다.

필요성을 모를 때는 실험을 해본다

무엇이 필요하고 필요치 않은지 잘 모르겠을 때는 보이지 않는 곳에 임시로 둡니다. 그리고 필요해진 물건만 다시 제자리로 돌리는 방법도 있습니다.

필요 없을지도 모른다고 생각한 물건을 기간 한정으로 눈이 닿지 않는 곳에 두어서 없이 지낼 수 있는지 실험해 보는 거죠. 내게 진정으로 그 물건이 필요한지를 알게 됩니다.

사람들은 버리기 아깝다고 자주 말합니다. 하지만 정말로 아까운 건 이런 것들이지요. 사용하지 않는 물건이 점유한 공간, 물건을 묵혀 두는 바람에 재활용되지 못하는 자원, 사용도 안 할 물건을 관리하는 노력과 시간, 정리하지 못하고 고민하는 마음입니다.

'아깝다'는 개념은 버릴 때가 아니라 살 때 필요합니다.

버리지 않고 나누기

버리기는 최후의 수단

물건을 버릴 때 죄책감을 느끼는 건 당연합니다. 별 생각 없이 사고, 필요 없어지면 버리는 구매 패턴은 언뜻 생각하기에 시장에 돈을 돌게 하고 경제를 활성화하는 데 도움이 될 것 같습니다. 하지만 이는 고스란히 가계 부담으로 이어집니다. 또한 자원이 낭비되어 애써 물건을 개발한 노력도 허사가 됩니다.

하지만 물건을 누군가에게 양도하여 물건을 순환시키면, 새로 물건을 사는 것보다 비용을 훨씬 줄일 수 있습니다. '버리기'보다 훨씬 좋은 방법이죠. 버리는 건 어디까지나 최후의 수단입니다. 물건이 그대로 필요한 사람에게 전달되는 형태가 가장 이상적인 비우기입니다.

필요한 사람에게 판다

충분히 사용할 수 있는 물건이라면 무조건 버리기보다 필요한 사람이 사용할 수 있는 방법을 찾아봅니다. 내게는 필요 없어진 물건이라도 누군가에게는 돈을 지불해서라도 갖고 싶은 물건일 수 있기 때문에 효용 가치가 그만큼 높아집니다. 판매하는 사람 역시 적은 돈이긴 하지만 수입이 생기므로 일석이조입니다.

팔고 싶은 물건이 많으면 플리마켓을 활용하는 방법도 좋습니다. 명품처럼 고가의 물건이 많은 경우는 중고품 매입 업자에게 팔면 좋겠지요. 요즘은 택배나 출장 서비스도 있어서 직접 가져가지 않아도 집에서 명품을 팔 수 있습니다. 인터넷 중고 장터는 스마트폰 앱이 진화하면서 10여 년 전보다 훨씬 활용하기 편해졌습니다. 경매에 붙이면 가격이 유동적이지만, 처음부터 금액을 설정하여 판매할 수도 있습니다.

팔기 위해 물건의 적정 가격을 매기다 보면 보이지 않던 깨달음을 얻곤 합니다. 구입할 땐 20만 엔이던 핸드백이 현재 중고 가격으로는 2만 엔이라면 그 가격이 핸드백의 진짜 가치입니다. 그 핸드백을 그냥 두면 5년 후에는 5,000엔이 될지도 모릅니다.

남에게 준다

이 물건이 필요한 사람에게 선물로 주는 방법은 주는 사람도, 받는 사람도 행복하게 만듭니다. 바자회에 내놓는 것도 한 방법이지요. 저는 '집안일을 연구하는 모임'에서 정기적으로 개최하는 바자회에 안 입는 옷을 내놓습니다. 그렇게 하고도 남은 옷은 구세군에 기부합니다.

다른 용도를 찾는다

간결한 살림이란 내가 가진 물건을 최대한 사용하는 것을 의미합니다. 쓸모가 사라진 물건이라도 용도를 달리하여 사용할 방법은 없는지 찾아봅니다. 구멍 난 옷은 걸레로 활용하거나 어른용 기모노는 아이용 기모노로 수선합니다. 그것도 안 되면 기모노를 뜯어서 잡화 주머니나 구멍 난 천의 땜질용으로 사용합니다.

마지막까지 활용하여 알뜰하게 쓰는 건 물건의 생명을 연장시키는 숭고한 행위입니다.

재활용 쓰레기로 내놓는다

재활용 쓰레기로 내놓으면 회수되어 다른 물건의 원료가 되기도 합니다. 자원이 되면 물건을 소생시킬 수 있습니다. 집에서 쓰지 않는 물건들은 사장품, 즉 죽어 있는 셈입니다. 집에 묵혀 두면 수납공간을 차지할 뿐 아니라 자원으로도 활용되지 못합니다.

늘리지 않는 방법

물건을 비우는 것도 중요하지만, 늘리지 않는 것도 그만큼 중요합니다. 필요한 물건이 생겼을 때 바로 구입하기보다 한동안 정말 필요한 물건인지, 이를 대체할 만한 방법은 없는지 고민해 보는 것도 중요합니다.

다른 것을 활용한다

봄 코트가 필요하다면, 당장 바로 사기보다 이를 대용할 숄이나 다른 걸칠 옷을 찾아봅니다. 달걀말이용 팬이 없더라도 일반 프라이팬으로 만들 수 있습니다. 전기밥솥이 없어도 냄비로 맛있는 밥을 지을 수 있지요.

불편을 감수해 본다

필요하다고 생각해서 바로 샀는데 싫증이 나거나 한 번 쓰고 나니 필요 없어질 때가 있습니다. 그래서 저는 적어도 세 번 정도의 불편을 겪고 난 뒤 물건을 산다는 원칙을 정해 놓고 있습니다.

리폼한다

필요 없어진 물건은 바로 버리지 않습니다. 이를 활용해 필요한 물건을 만들어 사용하려고 노력합니다.

빌린다

평소에는 필요하지 않지만, 특별한 경우에만 필요한 물건들이 있습니다. 그런 경우에는 빌릴 수 있는 방법을 최대한 알아봅니다. 언제 올지도 알 수 없는 손님을 접대하기 위해 수많은 그릇 세트와 수저 세트를 구매하고 보관하는 것은 낭비처럼 여겨집니다.

얻거나 받는다

아이들은 정말 빠르게 자랍니다. 그만큼 사야 할 옷이나 장난감도 늘어나지요. 그러나 이 물건들은 일정 시기가 지나면 쓸모가 없어집니다. 그런 물건들은 이웃에게 얻거나 빌려서 사용하면 유용합니다.

중고품을 산다

저는 중고 장터를 애용하는 편입니다. 물론 모든 물건을 그럴 수는 없지만, 저렴한 가격에 필요한 물건을 얻을 수 있습니다.

광고와 브랜드에 현혹되지 않는다

물건을 많이 가지는 것은 과식에 비유할 수 있습니다. 과식은 성인병이나 비만의 원인이 된다는 사실을 모르는 분은 없겠지요. 살짝 배고픈 듯 먹는 것이 건강에는 더욱 좋다고 합니다. 물건 역시 딱 필요한 물건만 있을 때 오히려 효율성이 올라갑니다.

하루에도 수많은 상품이 쏟아집니다. 그리고 기업들은 이를 소비자가 구매하도록 광고비에 막대한 돈을 쏟아붓습니다. 광고를 보다 보면, 기발하고 멋진 상품들이 참 많습니다. 저것만 집에 들여놓으면 삶이 보다 윤택해질 것 같습니다. 하지만 이때마다 어떤 의도로 만들어진 광고인지 항상 떠올려 봅니다.

내가 진정 필요로 하는 물건을 나만의 취향과 기준으로 선택하는 습관은 상당히 중요합니다.

명품도 마찬가지입니다. 기능이 같다면 굳이 비싼 명품을 소유할 필요가 있을까요. 명품을 살 때는 그 자체가 가진 기능이 유용할 때로 한정합니다. 그 외에는 사지 않도록 하면 결과적으로 가계비가 훨씬 넉넉해집니다. 광고하지 않는 중소기업 상품 중에서도 동등하거나 그 이상의 가치를 지닌 상품이 상당히 많습니다.

정말 꼭 필요한 물건만 가려내기

오래도록 쓰고 싶은 물건 사는 법

그럼에도 사야 할 필요가 있으면 저는 다음의 기준을 꼼꼼히 지키려고 합니다. 자신이 좋아하고 필요한 물건으로만 둘러싸인 풍요로운 생활을 하기 위한 저만의 선택법이지요.

작은 것, 혼자서 옮길 수 있는 것

공간을 차지하지 않고, 필요 없어졌을 때 쉽게 처분할 수 있어야 합니다.

다용도, 다기능

숟가락, 포크, 나이프가 없어도 젓가락이 있으면 밥을 먹을
수 있습니다.

단순한 디자인, 구조

특징이 있거나 유행하는 디자인은 쉽게 질립니다. 구조가
복잡한 건 손질이 힘듭니다.

소모품은 종류를 적게

재고를 관리하기 쉽고, 수납공간을 적게 차지하며, 사러 가
는 시간을 절약할 수 있는 걸 선택합니다.

이 가격의 10배여도 살까?

좋아하고 꼭 필요한 물건이라면 조금 비싸더라도 제가 살
수 있는 범위 내에서 구매합니다. 오히려 주의해야 할 점은 저
렴하다는 이유만으로 물건을 살 때입니다. 싼 물건을 사고 싶을
때는 '이 가격의 10배여도 살까?'라고 되묻습니다. 가격보다는
오래도록 애착을 갖고 쓸 수 있는지가 더 중요합니다. 싸다는
이유로 물건을 사면 꼭 후회하게 됩니다.

필요 없어졌을 때를 상상해 본다

물건을 살 때부터 이 물건이 필요 없어져 처분할 때를 구체적으로 상상해 봅니다. 쉽게 버릴 수 있는가? 중고의 수요가 있는가? 끝까지 다 쓸 수 있는가? 옷 한 벌을 살 때도, 집처럼 큰 물건을 살 때도 마찬가지입니다.

물건에 이야기가 있는가?

〈변두리 로켓〉이라는 드라마를 보았습니다. 도쿄의 작은 변두리 공장인 쓰쿠다 제작소가 무대인데, 대기업의 특허 침해와 매수 시도, 은행의 대출 거절 등 갖은 어려움을 겪으면서도 모든 사원이 일치단결하여 자신들의 부품을 사용한 로켓 개발에 성공한다는 이야기입니다. 이 드라마를 본 사람이라면 누구나 지난한 노력 끝에 독보적인 기술력을 보유한 '쓰쿠다 제작소의 제품'을 사용하고 싶다는 생각이 들 것입니다.

하지만 우리는 로켓 부품을 살 일이 없으므로 소비자로서 실제로 상품을 고를 때를 떠올려 봅시다. '싸다'는 이유만으로 물건을 사는 행위는 쓰쿠다 제작소의 제품을 선택하는 행위에 반하는 건 아닐까요? 상품이 어떻게 이렇게 저렴한가, 어떤 노력과 어떤 소재로 이 가격이 책정되었을까를 생각해 봅니다.

구입하여 애용하는 상품이 쓰쿠다 제작소의 제품처럼 멋진 이야기가 깃든 물건이라면, 쓸 때마다 풍요로워지는 기분이 들 것입니다.

PART 3

현명하게 물건, 돈, 시간을 사용하는
경제적인 비우기법

무작정 버리고 비우는 것이 아닙니다.

이왕이면 우리 가족의 삶에

보탬이 되면 좋겠습니다.

무조건 아끼고 사지 않는 것이 아닙니다.

꼭 필요한 곳에 충분히,

저의 시간과 돈, 물건을 사용하고 싶습니다.

버리고 비울수록
가족의 삶이 윤택해진다

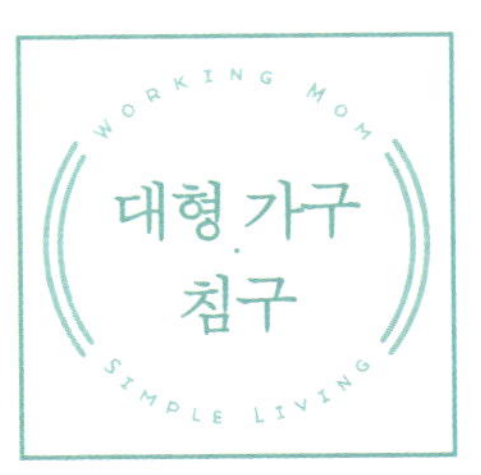

WORKING MOM

대형 가구 · 침구

SIMPLE LIVING

비우기에서 가장 효과가 큰 것은 침대, 소파와 같은

대형 가구를 줄이는 것입니다.

공간 활용이 극적으로 올라가지요.

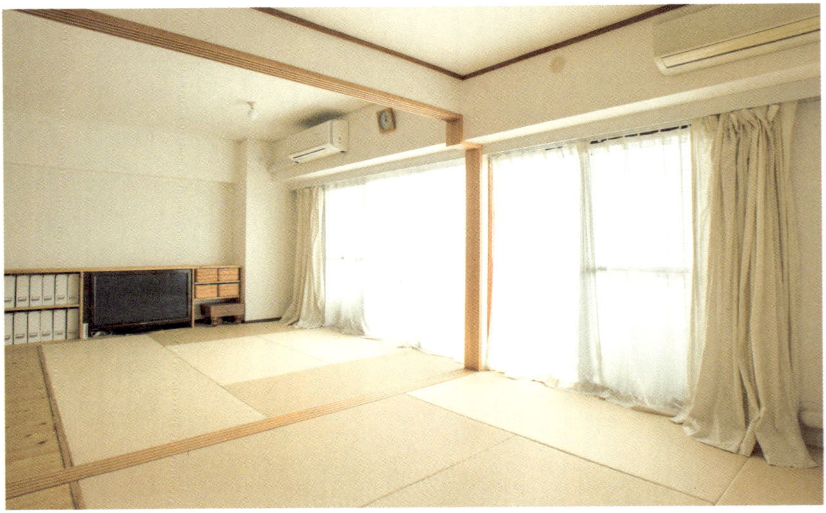

침대를 줄이기만 해도 1,000만 엔이 절약된다

우리는 인생의 3분의 1을 자는 데 사용한다고 합니다. 기분 좋은 수면을 위해서는 침구를 잘 골라야 하지요. 어떤 매트리스와 담요가 수면에 좋은지는 인터넷이나 상품 리뷰에서 쉽게 도움말을 얻을 수 있습니다. 반면 침대에서 잘지 담요에서 잘지에 대한 담론은 거의 없습니다.

서양식 라이프 스타일이 일반화되고, 저렴하면서 근사한 수입 가구를 쉽게 살 수 있게 된 까닭이겠죠. 신혼살림을 장만할 때 주저 없이 침대를 고르는 사람도 많을 겁니다. 이불을 펴고 갤 필요가 없는 침대가 바쁜 현대인의 생활에 적합해 보이기도 하고요.

하지만 침대 생활의 최대 단점은 공간을 차지한다는 점입니다. 침대를 놓으면 방을 침실 전용으로만 써야 하거나, 담요를 깔 때보다 방의 크기가 2배는 되어야 합니다. 담요를 까는 데 필요한 면적은 $2m^2$도 채 되지 않습니다. 또 개어 놓으면 방을 다른 용도로도 쓸 수 있지요. 이렇게 침대에서 잘지 담요에서 잘지를 '점유 면적'으로 생각해 보는 것도 한 가지 방법입니다.

싱글 사이즈 담요를 수납하는 데 필요한 공간은 약 $0.25m^2$.

개어 놓을 수 있으니 $2m^2$도 되지 않는 공간에 4~5명의 담요를 수납할 수 있습니다. 반면 침대는 싱글 사이즈 하나당 $4.75m^2$ 정도를 차지합니다. 싱글 침대 2대면 $9.5m^2$입니다. 여기에 침대 주위를 지나다닐 공간이 따로 필요하지요.

게다가 침대 가까이 수납장이 있다면 문을 열 수 있도록 여유 공간이 있어야 합니다. 침대 본체를 위한 공간만 해도 이 정도이며, 계절별로 이불을 수납하는 공간까지 고려한다면 필요한 공간은 점점 더 늘어납니다.

싱글 사이즈 담요의 수납 점유 면적 $0.25m^2$와 싱글 침대의 점유 면적 $4.75m^2$, 그 차이는 $4.5m^2$. 가족 4명이 침대에서 담요로 바꾸면 $18m^2$의 바닥 면적을 절약할 수 있습니다. 침대를 담요로 바꾸기만 해도 작은 방에서 여유 있는 생활을 즐길 수 있는 것이지요.

이를 앞에서 언급한 $1m^2$당 판매 면적 단가가 65만 엔인 신축 맨션을 기준으로 바닥 면적을 환산해 보면, 65만 엔 $\times 18m^2$ =1,170만 엔. 이만큼이나 절약하게 됩니다.

이 금액은 주택의 판매 가격일 뿐이며, 부동산 매매에 드는 비용, 구입 후 내는 고정 자산세, 맨션 관리비나 수선 적립금 등은 포함되지 않은 비용입니다. 또한 침대 프레임과 매트리스,

이불 구입비, 이사 비용, 버릴 때의 폐기 비용도 포함되어 있지 않습니다.

인테리어상 침대를 절대 양보할 수 없다든가, 바닥 가까이에서 자면 집 먼지 알레르기가 생겨서 담요 생활을 할 수 없는 사람은 침대에서 자는 편이 좋겠지요. 하지만 담요를 펴고 개는 일이 귀찮다는 이유 때문에 침대 생활을 이어 왔다면 다시 생각해 보세요. 4인 가족의 담요를 혼자서 펴고 갠다고 해도 하루에 15분 정도. 시급이 1,000엔인 아르바이트라면 250엔 어치. 침대가 차지하는 공간 비용인 1,170만 엔과의 차이를 매우려면 4만 6800일, 128년 이상이 걸립니다. 이렇게 생각하면 엄청납니다.

담요는 간결하게 수납할 수 있는 장점 외에도 이동이 쉽다는 이점이 있습니다. 날씨 좋은 날이면 햇볕이 잘 드는 곳으로 옮겨서 말리거나, 추운 날에는 창문의 냉기를 피해서 담요를 펼 수도 있지요. 또한 아이가 아플 때는 상태를 보기 쉬운 곳에서 재우거나 반대로 감염을 막기 위해 다른 방에서 재울 수도 있습니다.

구입에 드는 초기 비용도 침대보다 담요가 훨씬 적게 듭니다. 게다가 흔히 생각하는 면 담요뿐 아니라, 햇볕에 말리지 않아도 되는 담요나 세워서 쉽게 수납할 수 있는 담요 등 고기능 담요가 다양하게 판매되고 있습니다. 값싼 침대 프레임과 매트리스를 쓰다가 허리가 상하느니 같은 가격으로 몸에 좋은 고기능 담요를 구입하는 게 낫다고 생각할 수도 있겠지요.

저와 남편은 담요의 장점을 생각해서 전에 살던 맨션에서부터 담요를 사용했습니다. 그리고 이번 집으로 옮기면서 둘째 아들 방에 있던 2층 침대마저 처분했습니다. 대신 접이식 스노코(좁은 판자를 조금씩 간격을 두고 깐 툇마루―옮긴이)로 바꿨습니다. 둘째 아들 혼자서도 담요를 갤 수 있도록 말이지요. 보통은 담요를 편 채

두기도 하지만, 친구가 놀러 왔을 때는 접어서 방을 넓게 쓸 수
있으므로 아들도 매우 좋아합니다.

상단 아이들 방의 2층 침대를 담요로 바꿔서 넓게 쓸 수 있도록 하였다.
하단 침실의 붙박이장을 없애고 아이들의 놀이 공간으로 변화시켰다.

손님용 이부자리는 필요 없다

침대보다 콤팩트하긴 해도 담요 역시 나름의 수납공간이 필요합니다. 그러니 손님이 집에서 묵고 갈 일이 없다면, 굳이 손님용 이부자리를 준비할 필요는 없겠지요. 간혹 묵고 가는 손님이 있을 때는 이부자리를 대여하거나, 친척처럼 허물없는 손님에게는 가족용 담요를 내어 주고 우리 가족은 침낭에서 비일상적인 감각을 즐겨 보면 어떨까요.

한 사람분의 담요 수납공간은 0.25m^2. 앞서 언급한 신축 맨션의 판매 면적 단가로 계산하면 손님용 이부자리 공간이 차지하는 가격은 16만 2,500엔. 이부자리를 빌리는 값이 하루에 4,000엔이니 대여 서비스를 40일 이용할 수 있는 비용입니다(일본에만 있는 서비스로, 우리나라에는 해당 서비스가 없다.-편집자). 이부자리 대여 서비스는 하루 이상 빌리면 할인해 주는 가게도 많습니다. 이렇게 묵고 가는 손님이 오는 빈도에 따라 이부자리가 필요한지 여부를 정합니다. 빌려 쓰면 침구 세탁에 드는 수고도 사라집니다.

우리 집에서 묵고 가는 손님은 주로 친정 어머니와 시어머니입니다. 친정 어머니는 1년에 두 차례, 3~4일 정도 그리고 조금 가까운 곳에 사는 시어머니는 1년에 서너 차례, 1~2일 정도 묵고 가십니다. 손님용 이부자리는 도톰한 이불과 얇은 거즈 이불뿐. 부피가 큰 담요는 없습니다. 어머니가 오시면 둘째 아들 방에서 둘째 아들이 쓰던 담요를 펴고 주무십니다.

그럴 때는 둘째 아들이 베개와 이불을 갖고 저희 부부와 막내가 자는 침실에 옵니다. 평소에는 남편이 싱글 담요, 저와 막내가 폭이 140cm인 더블 사이즈 담요에서 잡니다. 여기에 둘째 아들이 들어오면 좁아지므로, 더블 사이즈 담요를 90도 돌려서 가로세로를 바꾸면 담요 폭이 210cm가 됩니다. 세 명이 여유 있게 잘 수 있지요. 키가 160cm인 저는 담요 밖으로 발이 조금 나오기 때문에, 거실에서 사용하는 좌식 의자를 가져와 발언저리에 두고 부족한 부분을 커버합니다.

1년에 몇 차례뿐인 방문에는 이렇게 임기응변으로 대처하면 충분합니다. 고작 며칠을 위해 수납을 많이 차지하는 손님용 담요는 두지 않습니다.

몇 년 후 둘째 아들이 커서 함께 잘 수 없어지면 그때 가서 다시 생각하려 합니다. 담요를 사서 채워 넣을지도 모르고, 빌려서 해결할지도 모릅니다. 근처에 있는 비즈니스 호텔을 빌려도 좋고, 어머니들이 나이가 드셔서 오시는 빈도가 줄어들지도

모릅니다. 큰아들이 독립하여 방과 이부자리가 남을지도 모릅
니다. 확정되지 않은 미래를 위해 물건을 늘릴 필요는 없다고
생각합니다.

소파가 있어야 편히 쉴 수 있다는 환상

서양식 라이프 스타일에 맞추어 거실에 소파나 커피 테이블을 두는 것도 이제는 일상이 되었지요. 저 역시 소파가 있어야 느긋하게 쉴 수 있다는 친구의 말을 듣고, 집에 소파를 둔 시기가 있었습니다.

어린이가 있어서 커버를 빨 수 있는 소파를 샀었습니다. 매장에서 몇 번이나 앉아 보면서 확인하고 사이즈를 빈틈없이 쟀는데도, 집에 배달된 소파는 매장에서 봤을 때보다 상당히 컸습니다. 큰 소파가 들어오니 공간을 차지할 뿐 아니라 청소할 때도 힘들었습니다. 아무것도 없을 때는 마루를 쓱쓱 청소하면 됐지만, 소파가 생기니 소파 아래를 청소하기 위해 몸을 구부려야 했고, 소파 사이에 들어간 쓰레기나 장난감을 꺼내는 데도 품이 들었습니다. 더러워진 소파 커버도 자주 세탁해야 했지요.

쉴 때도 불편함은 마찬가지였습니다. 편히 쉬어야지 하고 생각한 순간 남편이 누워 버리면 다른 가족은 앉을 수 없었지요. 결국 나머지 가족은 다른 곳에 앉거나 바닥에 앉은 채 소파에 기댑니다. 어린아이들에게는 소파가 커서 남편이 누워 있지 않아도 소파 위가 아니라 앞에 앉았습니다.

가족 5명 모두 소파에서 쉬려면 2인용 소파가 최소한 2개 필요합니다. 누울 경우까지 생각하면 3개를 갖고 싶어집니다. 2인용 소파 1개는 약 $1.8m^2$이므로, 2개면 $3.6m^2$. TV 등을 놓으면 거실 면적이 $15m^2$여도 가구로 가득 차게 됩니다.

결국 소파는 플리마켓에 내놓았습니다. 우리 집 $10m^2$인 거실은 다다미라서 바닥에서 뒹굴면 기분이 참 좋습니다. 좌식 의자를 사용하면 느긋하게 편히 쉴 수도 있지요. 아이들은 가구가 없는 거실 바닥에 장난감을 늘어놓고 자유롭게 놉니다. 나이가 들어서 바닥에 앉기 힘들어지면 다시 소파를 들여놓고 싶어질지도 모르지만, 아이들이 어린 우리 집에는 아직 소파가 이른 듯합니다.

침실과 거실. 물건이 없어서 좁게 느껴지지 않는다.

폐기할 때나 이사할 때 돈이 드는 대형 가구

소파나 침대 같은 대형 가구는 공간을 차지할 뿐 아니라, 이사할 때나 처분할 때도 비용이 듭니다. 소파 대신 작은 좌식 의자나 방석을 사용하고 침대 대신 담요를 쓰면, 적은 비용으로 이사하거나 처분할 수 있습니다. 폐기할 때도 분리수거하는 곳까지 가볍게 가져갈 수 있고요. 쓰레기봉투에 넣을 정도로 작게 접을 수 있다면, 일반 쓰레기로 버릴 수도 있습니다.

우리 집은 앞에서 이야기한 바와 같이 주거 면적을 줄여 이사하면서 다달이 나가던 대출 상환금 등의 주거비를 연 100만 엔 이상 줄였습니다. 이와 동시에 대형 가구와 침구 등을 처분하여 $9.22m^2$의 주거 공간을 절약했습니다. 이를 신축 맨션의 판매 면적 단가로 환산해 보면 총 600만 엔에 이릅니다.

수납공간이나 가구의 크기를 줄이는 건 작은 집으로 옮기기 위해서만이 아니라 같은 넓이에서도 주거 공간을 확보하여 넓게 사는 요령이기도 합니다.

:: 어느 정도 절약할 수 있는가 계산법(총 바닥 면적 대비 환산) ::

▶ **침대를 담요로 바꾸면**

▶ **손님용 이부자리를 두지 않으면**

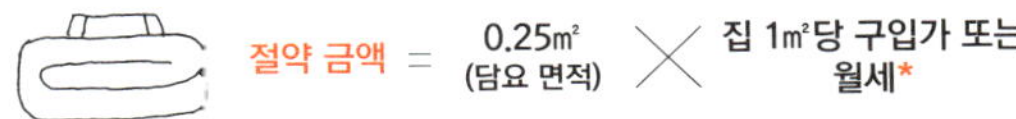

▶ **소파를 두지 않으면**(가로 길이가 2m 정도인 경우)

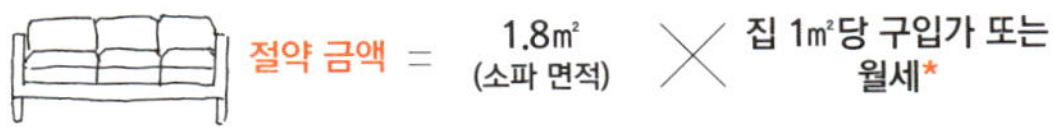

• 우리 집 1㎡당 구입가 또는 월세를 계산해 보자. 의외로 큰 금액이라는 사실에 놀랄 것이다.

:: 우리 집에서 줄어든 가구·침구 표 ::

	줄인 가구	개수	줄인 공간	처분 방법	절약 금액 (신축 맨션 바닥 면적 환산)
	손님용 이부자리	×1	0.25㎡	폐기	
	소파	×1	3.6㎡	플리마켓에서 판매	
	2층 침대	×1	4.5㎡	인터넷 중고 장터에서 매각	공간 합계 **9.22m²** × **65만 엔** (바닥 1㎡ 면적 가격) = **약 600만 엔**
	철제 옷걸이	×2	0.54㎡	중고업자에게 매각	
	서랍장	×1	0.15㎡	중고업자에게 매각	
	책장과 책 250권	×1	0.18㎡	지인에게 양도	

- 이번 이사를 계기로 줄인 가구·침구의 수납 면적은 합쳐서 9.22㎡. 바닥 면적 가격으로 환산하면 약 600만 엔이다.
- 예전보다 작은 집으로 옮겼지만, 9.22㎡만큼 넓게 살고 있다. 현재 살고 있는 집의 13%에 해당하는 면적이므로, 큰 영향을 미친다고 할 수 있다.

WORKING MOM

의류 · 옷장

SIMPLE LIVING

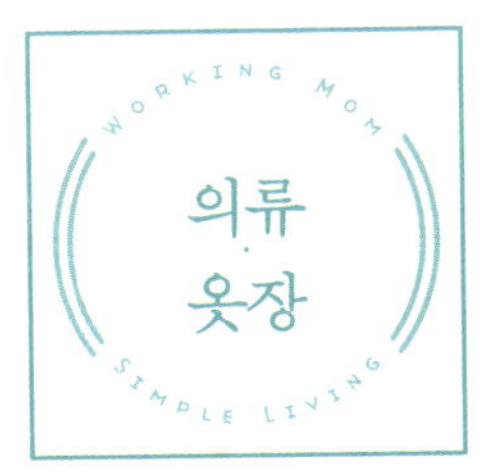

옷이 많아야만 예쁘게 입을 수 있는 게 아닙니다.
적은 수의 옷으로도, 스타일링의 변화와 다양한 조합으로
얼마든지 상황과 때에 맞게 멋스럽게 입을 수 있습니다.

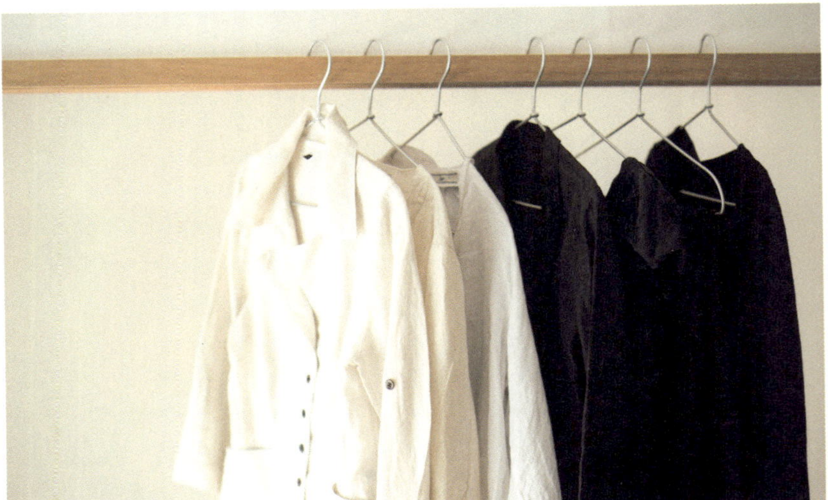

많은데도 입고 나갈 옷이 없었던 미혼 시절

정리 수납에 대한 상담을 받으면 많은 여성이 옷이 너무 많다고 고민합니다. 저 역시 그랬습니다. 매년, 매 계절마다 이런저런 이유로 옷을 샀습니다. 예쁘다, 싸다, 잘 어울린다, 혹은 그냥 기분 전환을 위해, 이유는 다양했습니다. 젊을 때는 체형이 예뻐서 무얼 입든 잘 어울리기도 했고요.

덕분에 결혼 전 집에 있던 2.5m^2 크기의 붙박이장은 옷으로 가득 찼습니다. 아직 한 번도 입지 않은 옷이 많은데도 항상 입을 옷이 없다고, 입는 스타일이 비슷하다고 생각했습니다.

누구나 저와 비슷할 것입니다. 가게에서 마음에 드는 원피스를 발견했을 때 마침 세일 중이면 서둘러 삽니다. 옷 한 벌쯤은 늘어나도 별거 아닌 듯 싶지만, 그렇게 한 벌 늘어나면 그 옷에 맞는 신발, 가방, 코트가 갖고 싶어집니다. 재질에 따라 입고 난 뒤 세탁과 다림질이 필요하고 클리닝 비용도 듭니다. 단추라도 떨어지면 수선해야 합니다. 어느새 옷장은 터져 나갈 듯하고, 지갑은 헐렁해집니다. 항상 새로 산 옷만 입고, 한 해 지난 옷은 옷장 안쪽으로 밀려나기 일쑤입니다.

옷을 세어서 관리하는 방법

결혼해서 마련한 신접살림은 거실이 없는 방 2개짜리 저가 임대 주택이었습니다. 방 구조를 보니 수납공간을 다 합쳐도 2.5m^2밖에 안 되었습니다. 이래서는 제 옷 외에는 아무것도 수납할 수 없었지요. 마침 그때 동료가 빌려 준 책에 '옷을 세어서 관리하는 방법'이 나와 있었습니다. 관리하기에 적당한 옷의 개수는 60~100벌이라고 하더군요. 옷장 정리로 고민하던 저는 당장 옷을 얼마나 갖고 있는지 세어 보았습니다. 무려 400벌이 넘었습니다.

이때 옷이 너무 많아서 관리하지 못한다는 걸 깨달았습니다. 정리에 애를 먹으면서도 옷이 지나치게 많다는 사실조차 자각하지 못했던 겁니다. 갖고 있는 옷을 세어 보고 나서 비슷한 옷이나 입지 않는 옷을 골라내 대량 처분했습니다. 그때 어머니와 플리마켓에서 옷을 판 일은 추억으로 남아 있습니다. 하루 매상이 10만 엔 이상인 적도 있었습니다. 그런 노력 끝에 2.5m^2 크기의 붙박이장에 가득 차 있던 옷 400벌을 80벌로 줄일 수 있었습니다. 그래서 무사히 0.4m^2 정도(폭 45cm) 크기의 신혼집 붙박이장에 넣을 수 있었습니다.

줄이기의 시작은 남길 옷 선별하기

의류를 줄일 때는 '버릴 옷'이 아니라 '남길 옷'에 주목합니다. 남긴 옷들로 활용해 입어야 하므로, 무엇을 버릴까보다 무엇을 남길까가 중요합니다. 저는 제 '취향'에 맞고 '착용감'이 좋은 옷을 기준으로 삼았습니다.

아무리 마음에 들어서 산 옷이라도 사이즈가 맞지 않거나, 입으면 피부가 따가울 때가 있습니다. 또 미묘하게 옷 태가 나지 않거나, 별로 어울리지 않을 때도 있지요. 그런 옷에는 결국 손이 가지 않습니다. 내 '취향'에 맞는 옷만 남기는 정리법도 대단히 효과적이지만, 이처럼 착용감이 좋은 옷이란 조건을 추가하면 오래 입어도 기분 좋은 옷만 남길 수 있습니다.

또 전에 대단히 좋아했고 지금도 좋아하는 색의 옷이지만 왠지 입고 싶지 않을 때가 있지요. 색채 심리학에서는 몸에 걸친 물건의 색으로 성격이나 현재의 컨디션, 심리 상태를 알 수 있다고 합니다. 예전과 지금의 심리 상태는 다르므로 몸에 걸치고 싶은 색이 달라지는 게 당연합니다. 취향에 맞다 하더라도 이런 부분도 함께 고려하여 정리할 필요가 있습니다.

양보다 질, 지금 필요한 옷

더욱 극적으로 옷을 줄이는 기준은 필요 여부입니다.

결혼 후 400벌이던 옷을 80벌로 줄여 옷장 안에는 모두 제 취향에 착용감 좋은 옷만이 남았습니다. 그런데도 1년 내내 입지 않은 옷이 꽤 있었습니다. 그런 옷은 '입고 싶다고 생각했지만 결국 몸에 걸치지 않는 옷'입니다. 필요한 옷이 아니기 때문입니다. 그래서 저는 '제가 갖고 있는 옷'과 '제게 필요한 옷'이라는 두 가지 표를 만들었습니다. 표를 비교해 보면 '갖고 있지만 필요 없는 옷'도 있고, '갖고 있지 않지만 필요한 옷'도 있다는 걸 알게 됩니다. 전자는 입지도 않는 옷을 너무 많이 가졌다는 걸 느끼게 하고, 후자는 특정한 경우에 입을 옷이 없다는 사실을 깨닫게 해줍니다.

필요한 옷을 생각하는 과정은 이상적인 옷장을 만들어 가는 즐거움을 줍니다. 지갑 사정상 필요한 모든 옷을 전부 갖출 수는 없습니다. 그러므로 필요한 옷을 천천히 갖추어 가면서 필요 없는 옷을 서서히 줄여 나갑니다. 시중에 판매되는 내 취향의 옷은 '취향'만 받아들입니다. 내가 그 옷을 모두 소유할 필요도 없으며, 입을 필요도 없다고 생각합니다.

언젠가 입을지도 모르는 옷은 결국 안 입는다

'이 옷이면 구직할 때도, 관혼상제 때도, 직장에서도 입을 수 있겠지.'라고 생각해서 산 모직 정장이 있습니다. 어떤 경우에도 입을 수 있을 듯해서 여벌의 바지까지 장만했습니다. 하지만 장례식장에 입고 가려 했더니 왠지 어울리지 않았습니다. 디자인이 오래됐는지, 나이가 들어서 체형이 변한 탓인지, 억지로 젊어 보이려는 듯해서 결국 다른 옷을 입고 갔습니다. 단벌 정장이었지만 몇 년간 전혀 입지 않아 지금의 저에게는 어울리지 않는 옷이 되어 버렸지요.

사전에 일정을 알 수 있는 격식 있는 자리에는 예복을 대여해서 입으면 되지만, 상복은 갑작스레 필요한 경우가 대부분입니다. 이럴 때는 친정에 사는 어머니와 상복을 공유합니다. 갑자기 필요해져서 어머니에게 택배를 부탁하면, 다음 날에는 도착합니다. 어머니에게는 기모노 상복도 있으므로, 모녀가 동시에 필요할 때는 어머니가 기모노를, 제가 정장을 입을 예정입니다. 친척의 제사에는 제 옷 중 하나인 검은 실크 원피스를 입습니다.

여담이지만 집의 수납공간이 적기 때문에 옷장에서 옷을 보다 쉽게 꺼낼 수 있게 세탁소의 보관 서비스를 이용합니다. 가격은 일반 클리닝보다 15% 정도 늘어나지만, 방충제로 인한 실내 공기 오염을 걱정하지 않아도 됩니다.

나만의 취향 찾기

예전에 본 TV 프로그램에서 인기 스타일리스트가 나이를 먹으면 검정색은 지나치게 강해 보이니, 감색이나 진회색을 입는 편이 좋다고 이야기하더군요. 하지만 그런 충고는 어디까지나 일반론에 지나지 않습니다. 예를 들어 감색을 좋아하지 않는 제가 그런 이유로 감색 옷을 입는들 과연 기쁠까요.

특히 저는 청바지가 너무나도 안 어울립니다. 어렸을 적 소풍 갈 때 긴 바지를 입고 오라는 가정 통신문을 받으면, 마땅한 옷이 없어 서둘러 사야 할 정도로 치마만 입었습니다. 학창 시절 미국에서 살 때도, 친구들은 주로 청바지를 입었지만 저는 한 벌도 없었습니다. 귀국할 때 내게 주는 선물이라고 생각해 처음 제 돈으로 청바지를 샀습니다. 그 후로 청바지를 몇 벌 더 사보았지만 결국 별로 입지 않았습니다. 결국 옷감이 두껍고 부피가 커서 옷을 정리할 때마다 가장 먼저 처분하는 대상이 되었습니다.

나의 취향은 나밖에 정할 수 없습니다.

내가 좋아하는 것, 내게 어울리는 것

예전에 어울리는 색에 대해 간단한 진단을 받은 적이 있습니다. 저는 피부가 노란 편이어서 흰색보다는 아이보리, 차가운 색보다 따뜻한 색이 어울린다고 하더군요.

그 전까지는 분홍색이나 하늘색을 좋아해서 로라애슐리나 캐스키드슨처럼 알록달록한 색과 꽃무늬가 들어간 옷과 가방을 좋아했습니다. 하지만 막상 입어 보면 별로 어울리지 않았지요.

진단 결과를 듣고 나서야 제게는 어울리지 않는 색이라는 사실을 깨달았습니다. 좋아하는 색이어도 어울리지 않으면 점점 걸치지 않게 됩니다.

그런데 색상에 대한 진단을 한 번 받았다고 해서 그 색상이 계속 잘 어울린다고는 할 수 없습니다. 머리를 염색하면 어울리는 색상이 바뀝니다. 또 나이가 들면 피부색이 점점 칙칙해지고, 머리가 희끗희끗해지며, 눈동자도 검정색이 아니라 진회색을 띱니다. 흰머리가 늘면 지금까지 제게 맞지 않던 푸른 톤이 도는 회색도 어울리는 날이 올지도 모릅니다.

부족하지도 넘치지도 않는 옷의 숫자

이렇게 시행착오를 거듭한 끝에 현재는 옷을 14벌로 줄였습니다.

'사계절 표'를 만들어 옷을 '과잉'과 '부족'으로 분석하여 과함이나 부족함이 없도록 정리했습니다. 계절에 맞는 옷의 연표를 만들면, 부족 상황을 한눈에 파악할 수 있습니다.

또한 스마트폰 앨범으로 재고를 관리합니다. '옷의 수효', '이상적인 옷장'이라는 폴더를 만들어 사계절 표를 바탕으로 나만의 이상적인 옷장을 만들어 가는 작업은 매우 즐겁습니다. '이상적인 숫자'에 포함된 옷이 허름해지거나 낡았을 때만 새 옷을 사고, 그 이상 옷을 늘리지 않도록 합니다.

옷을 많이 가졌을 때는 계절에 따라 옷장 정리하기가 힘들었습니다. 옷을 줄인 뒤에는 모든 옷이 한눈에 보이므로 옷장을 정리할 필요가 없어졌습니다. 하지만 지금은 다시 옷장 정리를 하기 시작했습니다. 계절이 끝나갈 무렵은 그 옷들이 진짜 필요한지를 다시 한 번 점검해 보는 좋은 기회이기 때문입니다. 그렇게 내년엔 더 이상 안 입을 옷, 이번 계절에 입지 않은 옷은 처분합니다.

사계절에 걸쳐 입는 옷이 14벌뿐이라고 하면 믿지 않는 사람도 있습니다. 정말로 좋아하는 옷은 몇 번이고 입기 때문에, 가격에 상관없이 옷이 빨리 닳습니다. 계절이 끝날 때면 수명을 다한 옷도 생기므로, 지금 있는 옷으로 1년 내내 보내지는 않습니다. 낡은 옷을 처분하고 나면 그 계절이 다시 시작될 때 옷을 사는 즐거움도 누릴 수 있습니다.

무엇보다 바쁜 아침에 옷장 앞에서 무얼 입을지 고민하지 않아도 되니 정말 좋습니다. 입을 옷을 고민할 시간에 하고 싶은 다른 일이 많으니까요.

:: 1년에 전부 14벌 ::

마음에 드는 천연 소재의 옷을 정성껏 손질하여 입는다.

① **남방**(리넨/흰색/리젯타)

② **남방**(리넨/아이보리/에디바우어)

③ **남방**(리넨/검정/손수 제작)

④ **카디건**(캐시미어/흰색/무인양품)

⑤ **카디건**(캐시미어/베이지/무인양품)

⑥ **카디건**(모직/검정/untitled)

⑦ **재킷**(리넨/아이보리/리젯타)

⑧ **재킷**(실크/검정/K.T)

⑨ **치마**(면/검정/agnes b.)

⑩ **치마바지**(리넨/검정/리젯타)

⑪ **원피스**(실크 리넨/검정/리젯타)

⑫ **원피스**(리넨/검정/리젯타)

⑬ **원피스**(리넨/검정/베네통)

⑭ **코트**(모직/진회색/리젯타)

:: 의류의 사계절 표 ::

▶ **갖고 있는 옷의 개수를 세어 본다**(예시).

카테고리	아이템	7·8·9월 HOT	5·6·10월 WARM	3·4·11월 COOL	12·1·2월 COLD
상의	남방·블라우스	正丁	正下	下	下
	T셔츠		下	正	
	조끼				丁
	스웨터·카디건			正	正 正一
	재킷				
하의	치마				
	바지				
원피스					
정장					
코트					
합계(벌)					

- 옷을 많이 갖고 있는 사람은 수효 파악부터 시작한다.
- 아이템별로 숫자를 기입하며, 외출용, 집안용 등처럼 보다 세부적으로 분류해도 좋다.
- 특히 많다고 생각되는 아이템은 우선 반으로 줄여 본다.

▶ **화살표로 아이템별 입는 계절을 표시해 본다**(나의 경우).

카테고리	아이템		7·8·9월 HOT	5·6·10월 WARM	3·4·11월 COOL	12·1·2월 COLD
상의	남방 · 블라우스	3				
	T셔츠	0				
	조끼	0				
	스웨터 · 카디건	3				
	재킷	2				
하의	치마	1				
	바지	1				
	원피스	3				
	정장	0				
	코트	1				
	합계(벌)	14	7	10	10	7

주: 화살표 색을 옷 색깔에 맞추면 더 파악하기 쉽다.

[분석]

- 한여름과 한겨울용 옷이 적다. 한여름에 입을 상의를 보충할 필요가 있다.
- 한여름에 입을 정장이 없다. 필요하면 대여한다.
- 하의를 한 벌 사고 싶다.

계절 없이 즐기는 옷

한 계절에만 입을 수 있는 옷은 사지 않으며, 겨울에는 여러 옷을 겹쳐 입습니다. 여름 소재로 여겨지는 리넨도 어두운 색이면 한겨울에도 입을 수 있습니다. 하의는 레깅스를 겹쳐 입고, 한겨울에는 레그워머를 착용하는 식으로 말이죠.

스웨터보다 카디건이 코디하기가 좋습니다. 입고 벗기 편해 한겨울뿐 아니라 봄과 가을에도 다른 옷에 맞춰 입기 쉽습니다. 마찬가지로 티셔츠보다는 앞을 여미는 블라우스나 남방이 걸쳐 입는 옷으로 활용하기 좋습니다. 터틀넥 스웨터는 없으며, 목 주위 보온은 머플러 등으로 합니다. 겨울에 입는 니트는 캐시미어. 감촉이 좋고 얇아서 수납공간도 차지하지 않습니다.

'계절 한정 옷은 최소한만 갖는다'는 사고방식은 의류뿐 아니라 소지품 전체에 공통되는 사항입니다. 그렇다고 해도 사계절이 확실히 있으니 지키기 어렵지요.

여름에는 여름다운, 겨울에는 겨울다운 소재와 색깔의 옷을 입으면 멋집니다. 하지만 한여름이나 한겨울밖에 입을 수 없는 옷이 많아지면, 그 계절 외에 입는 옷 또한 늘어납니다.

특히 겨울옷은 두툼한 데다 울이나 다운 등 손질이 복잡한 옷도 있으니 주의해야 합니다. 겨울용 겉옷은 코디해서 입을 수 있는 폭을 넓혀 주지만, 무심코 늘리면 순식간에 수납공간을 차지하게 됩니다.

:: 검정 치마바지를 사계절 내내 입는 예 ::

캐주얼하게

아이들과 도서관에 갈 때. 흰 남방과 밀짚모자, 샌들과 코디하여 시원해 보이도록.

아이들과 공원에 갈 때. 베이지색 카디건과 모자, 크로스백과 함께 코디.

겨울의 평상복 차림. 베레모와 레이스업 슈즈, 크로스백으로 경쾌하게.

차려입을 때

여름에 제대로 입고 외출할 때. 리넨 재킷. 스트랩 슈즈와 함께 코디.

참관일 등 학교 행사에. 치마바지 밑에 타이츠를 신어서 온도를 조절한다.

겨울에 갖춰 입고 외출할 때. 치마바지 밑에 타이츠와 레그워머, 코트로 방한.

출근할 때도, 공원에 나갈 때도, 외출할 때도 같은 옷을 입습니다. 대신 입는 방법에 사소한 변화를 주어서 분위기를 바꿉니다. 예를 들어 평소에는 상의의 앞부분을 여미지만, 편안한 자리에서는 단추를 잠그지 않고 안에 입은 원피스가 보이게 합니다. 단추를 잠갔을 때보다 세로 라인이 강조되어 산뜻해 보입니다. 상의의 허리 부분을 교차하여 목욕 가운 입듯이 여미면, 허리 부분이 조여져서 날씬하게 보입니다.

카디건의 가장 아래 단추만 뒤에서 잠가 입기도 합니다. 팔뚝을 감출 수도 있고 앞에서 봤을 때는 볼레로풍의 실루엣이 되어 예쁩니다.

소품으로 인상을 바꾼다

옷만이 아니라 신발과 가방, 액세서리, 우산이나 모자도 전부 코디에 포함되어 사람의 전체적인 인상을 만들어 줍니다. 이를 기억하고 있으면, 옷이 적어도 얼마든지 다양하게 연출이 가능하다는 걸 알게 됩니다.

저는 할아버지가 두르던 실크 허리띠를 숄로 애용합니다.

보통의 숄보다 크기 때문에 묶는 형태, 매듭의 위치(뒤쪽, 앞쪽, 사선 등), 묶는 높이에 따라 인상을 바꿀 수 있습니다.

졸업식이나 입학식 때는 평상복 위에 수공예 코르사주나 브로치를 달아서 변화를 줍니다. 아이들이 주인공인 자리인 만큼 너무 캐주얼하지 않을 정도의 격식을 갖춘 옷이라면, 평상복을 입어도 누구에게도 부끄럽지 않습니다. 단 졸업식 몇 주 후에 바로 입학식이 있을 때는 계절이 바뀌는 만큼 재킷이나 숄로 대응합니다.

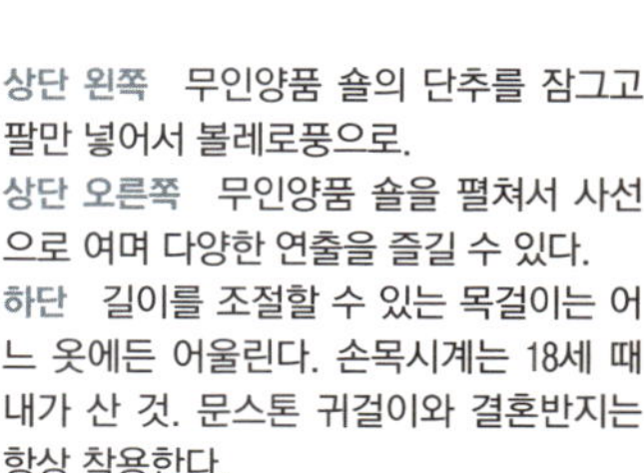

상단 왼쪽 무인양품 숄의 단추를 잠그고 팔만 넣어서 볼레로풍으로.

상단 오른쪽 무인양품 숄을 펼쳐서 사선으로 여며 다양한 연출을 즐길 수 있다.

하단 길이를 조절할 수 있는 목걸이는 어느 옷에든 어울린다. 손목시계는 18세 때 내가 산 것. 문스톤 귀걸이와 결혼반지는 항상 착용한다.

왼쪽 뒤 LLBean의 토트백은 아이들 셋을 키울 때 기저귀 가방으로도 애용했다.
오른쪽 뒤 주로 회사에 출근할 때 사용한다. 자료나 맥북이 들어가는 A4 사이즈.
오른쪽 앞 늘 소중하게 들고 다니는 맞춤 제작한 소형 핸드백. 어깨끈을 떼서 클러치나 세미 숄더백으로도 활용한다.
왼쪽 앞 막내의 손을 잡거나 짐을 들 때는 어깨끈이 있는 핸드백이 편리하다. 관혼상제 때도 사용한다.

미니멀리스트 아내를 둔 남편과 아이의 옷

저희 취향을 남편에게까지 강요하지 않고 있습니다. 미니멀리스트가 아닌 남편은 본인이 필요한 옷을 자유롭게 소유하게 합니다.

아이들은 자라면서 옷 사이즈가 계속 바뀌는 데다 자신이 좋아하는 옷만 입으므로 많이 사지 않습니다. 속옷과 양말은 착용 중인 것, 세탁 중인 것, 여벌의 옷까지 다 합쳐서 3~4개가 전부입니다. 수납공간에는 여벌 1~2개밖에 없습니다.

 옷은 사계절 다 합쳐 14벌뿐이다. 마음에 드는 옷을 정성껏 손질하여 여러 스타일로 돌려가며 입는다.
 가족 옷장에 옷을 함께 보관한다. 빨래를 모으고 나누는 데 드는 수고를 큰 폭으로 줄일 수 있다.

여행 가방처럼 사용하는 생존 가방

지진에 대비하여 비축한 식품을 정기적으로 소비하고 먹은 만큼 채워 넣는 롤링 스톡(Rolling Stock). 이 같은 방법을 의류에도 적용하고 있습니다. 단기간의 피난 생활을 상정하여 준비하는 생존 배낭은 가족 한 명당 하나씩 준비하는데, 1년에 몇 번밖에 쓰지 않는 여행용 배낭과 슈트 케이스를 활용합니다. 이때 생존 배낭은 새로 산 의류의 수납 기능을 하는 동시에 여행용 가방 역할도 합니다.

즉 새로 산 양말과 속옷, 여벌의 실내복과 수건을 생존 배낭에 넣습니다. 아이들 배낭에는 한 사이즈 큰 것을 넣는 게 저만의 요령이라면 요령입니다. 지퍼락에 분류하여 아이들이 혼자서도 관리할 수 있게 합니다. 초등학생 아들용 배낭에는 한 사이즈 큰 실내화도 넣어 둡니다. 아이들의 현재 사이즈에 맞춰 준비하면 금방 크는 만큼 나중에는 사용할 수 없게 되기 때문이죠.

이렇게 하면 양말에 갑자기 구멍이 나도 사러 나가지 않아도 됩니다. 여행할 때는 평소보다 속옷이 많이 필요한데, 학교에서 가는 여행은 거의 이 배낭째 가져갈 수 있습니다. 여행이 끝나면 입었던 옷을 세탁해서 다시 배낭에 넣습니다. 제가 갑자기 입원하게 되어도 배낭 안에 속옷과 실내복이 들어 있으므로, 남편에게 사 달라고 부탁할 필요 없이 생존 배낭을 가져다 달라고 하면 됩니다. 입던 옷이 해지면 생존 배낭에서 꺼내어 쓰고 다시 보충합니다.

우리 집의 생존 배낭은 천재지변이 생기는 '비상시'뿐 아니라 여행이나 입원 등의 '비일상적인 상황'에도 대응하는 셈입니다.

5인 가족, 19켤레로 충분

신발은 가족 모두 합쳐서 19켤레입니다. 이 외에 베란다에는 저의 비치샌들 겸용 크록스가 있습니다. 제 신발은 4켤레 모두 고무나 코르크 밑창이어서 가벼운 운동도 할 수 있고, 어느 신발을 신더라도 아이들과 공원에 갈 수 있습니다. 신으면 발이 아프거나 착용감이 나쁜 구두는 하나도 없습니다.

가을과 겨울에 애용하는 밑창이 두꺼운 부츠는 지면의 냉기를 잘 막아 줍니다. 추운 계절에는 수제 모피 깔창을 넣어서 추위를 피합니다. 쾌적합니다.

• 가족 5명의 신발은 전부 19켤레

이 신발장에 수납할 수 있는 만큼만 소유한다. 남편 신발은 5켤레(비즈니스 슈즈 2, 가죽 신발 1, 운동화 1, 샌들 1), 아이들 신발 3켤레(운동화 2, 샌들 1)×3명, 막내만 장화 1켤레 더.

• 내 신발은 4켤레

스트랩 슈즈, 펌프스, 샌들, 레이스업 슈즈(부츠). 용도에 따라 1켤레씩. 모두 가죽.

하루하루 쑥쑥 자라는 아이들의 신발 관리

장남감이나 옷은 물려받거나 물려줄 수 있지만, 역시 남자 아이들 신발은 깨끗한 상태로 받기도 주기도 어렵습니다. 성장기 아이들인 만큼 신발은 닳아서 해질 때까지 신기고 싶은 마음에 많이 사주지 않고 있습니다.

둘째 아들과 막내의 운동화는 지금 신는 사이즈보다 한 치수 큰 걸 예비로 준비해 둡니다. 비 온 다음 날에 평소 신는 신발이 덜 말랐거나, 혹은 하루 종일 신고 다녀서 너무 허름해진 다음 날에는 예비 운동화를 신깁니다. 사이즈가 조금 크면 깔창으로 조절하면 됩니다. 신던 신발이 작아지면, 이렇게 조금씩 신어서 길들인 예비 신발로 대체합니다. 신발이 작아져서 버리기 전에 이미 다음에 신을 한 치수 큰 예비 신발을 사는 겁니다.

이런 식으로 딱 맞는 신발은 현관에, 조금 더 큰 예비 신발은 신발 상자에 보관합니다. 샌들을 제외하고 아이들 신발은 다 합쳐서 운동화 2켤레뿐입니다. 운동화는 1켤레씩 교대로 수수한 색을 고르면 편리합니다. 2켤레 중 1켤레는 검정색이나 남색을 선택합니다. 갑작스런 문상 자리나 입학식, 졸업식에는 차분한 색의 운동화가 활약합니다.

언제 신어도, 매일 신어도 새것처럼 쾌적하게

저는 거의 매일 같은 구두를 신습니다. 남편은 이틀에 한 번 갈아 신습니다. 흔히 같은 구두를 계속 신으면 쉽게 닳는다고들 합니다. 하지만 저도 남편도 직장에서는 슬리퍼나 실내화를 신기 때문에 실제로 구두를 신고 있는 시간은 별로 길지 않습니다.

구두를 신고 땀을 흘렸다 해도 아침이면 마를 정도의 시간만 신으므로, 매일 신어도 특별히 문제는 없다고 느낍니다. 물론 구두를 여러 개 신는 경우와 비교하면 1켤레의 사용 시간이 길기 때문에, 2켤레를 번갈아 신을 때에 비하면 구두의 수명 자체는 절반 정도겠지요.

비 오는 날에 장시간 걸어 다니지 않아서 장화는 없습니다. 가죽 구두를 본격적으로 손질하는 방법 중에는 물세탁도 있으므로, 비 오는 날에도 평소처럼 스트랩 슈즈나 부츠를 신습니다. 젖어도 그 후에 잘 관리하면 괜찮습니다. 비 오는 날에는 신은 뒤 바로 손질하고, 다음 날은 다른 구두를 신습니다. 비 오기 전의 손질도 중요합니다. 비에 젖기 전에 가죽용 트리트먼트 크림인 라나파를 정성껏 발라 줍니다. 이렇게만 해도 비 오는 날을 잘 견딜 수 있습니다. 매일 신으면 잘 닳는다는 일반론은 모든 경우에 들어맞는 말은 아닙니다.

천연 소재 크림으로 가죽 구두를 더 오래오래

천연 소재인 가죽용 크림 라나파를 발라 주는 것만으로 귀찮던 신발 손질이 즐거워집니다. 라나파는 불쾌한 냄새가 나지 않고 트리트먼트와 클리너 기능도 겸하고 있어서 별도의 손질 도구가 필요 없습니다. 다른 구두 크림을 사용했을 때는 현관이 석유 냄새로 가득 차는 게 싫어서 일부러 베란다에 구두를 가져가서 닦기도 했었습니다.

지금은 현관에서 재빨리 손질해서 바로 신발장에 넣어 둘 수 있어 현관이 언제나 깔끔합니다. 색이 묻어나지 않으므로 다른 색 신발용 크림이나 브러시도 필요 없습니다. 신발 외의 천연 피혁에도 사용할 수 있어서 핸드백도 손질할 수 있습니다. 우리 집에서는 아이들의 야구 글러브를 손질할 때도 사용하고 있습니다.

아침에는 신발을 신기 전(원래는 신발을 벗을 때 손질해야 이상적이지만 잘 안 됩니다.) 현관에 놔둔 브러시로 신발을 싹 털어 냅니다. 한쪽에 10초, 양쪽 다 해서 20초. 전날 공원에 가서 묻은 진흙도 털어 내고, 다음 날 아침이면 다시 같은 신발을 신고 출근할 수 있습니다.

1주일에 한 번이나 비 오기 전후에 라나파로 손질합니다. 평소처럼 브러시로 먼지를 털어 내고서 스펀지로 라나파를 바릅니다. 광택을 내고 싶을 때는 모직 천으로 문지릅니다. 1켤레에 1분 정도. 남편 구두까지 손질해도 5분 이내에 끝납니다.

모직 천은 사용하다 구멍이 난 수제 덧버선을 사용합니다. 안쪽은 면이고, 바깥쪽은 낡은 모직 코트의 자투리로 만든 것입니다. 구두를 닦을 때 모직 부분을 바깥으로 해서 벙어리장갑을 끼듯이 손을 넣으면, 보통의 직사각형 천보다 닦기 쉽습니다. 수납할 때는 라나파가 묻은 모직 부분을 안쪽으로 뒤집어서 스펀지를 함께 넣어 보관합니다.

상단 마법의 크림 라나파를 사용하여 구두를 손질한다.
하단 오른쪽 수납할 때는 라나파가 묻은 모직 부분을 안쪽으로 뒤집어서 스펀지를 넣고 케이스에 담는다.
하단 왼쪽 낡은 모피를 활용한 수제 깔창을 넣어서 겨울 추위에 대비한다.

현관 앞이 심플해지는 우산 관리

5인 가족인 우리 집에는 장우산이 3개 있습니다.

고등학생인 큰아들은 자전거로 통학하기 때문에 장우산을 쓰지 않습니다. 우산을 자주 잃어버리는 둘째 아들은 항상 손 가까이에 둘 수 있는 접이식 우산만 씁니다. 초등학생도 접고 펴기 쉬운 모델입니다. 막내는 큰아들이 두 살 때 샀던 장우산을 물려받아 쓰고 있습니다. 접이식 우산은 5개. 여섯 살짜리 막내용은 없습니다.

장우산과 접이식 우산을 합치면 전부 8개입니다. 그중에서 제 것을 제외한 접이식 우산은 전부 회사 가방 안에 넣어 두기 때문에 집에 있는 우산은 4개뿐이지요. 덕분에 현관 주변이 깔끔합니다.

WORKING MOM

가족의 추억이 담긴 사진과 동영상

SIMPLE LIVING

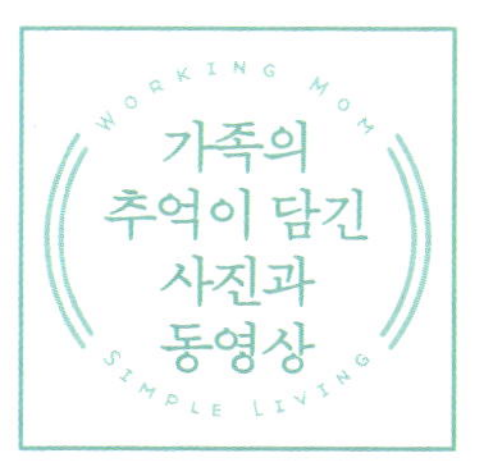

"추억이 쌓인 물건은 정리하기 어렵다." "어렸을 적 졸업 문집부터 전부 보관하고 있다."라는 이야기를 자주 듣습니다. 이런 물건들이 쌓이고 쌓이면 수납공간을 의외로 많이 차지합니다. 우리 집의 관리 방법을 소개해 보겠습니다.

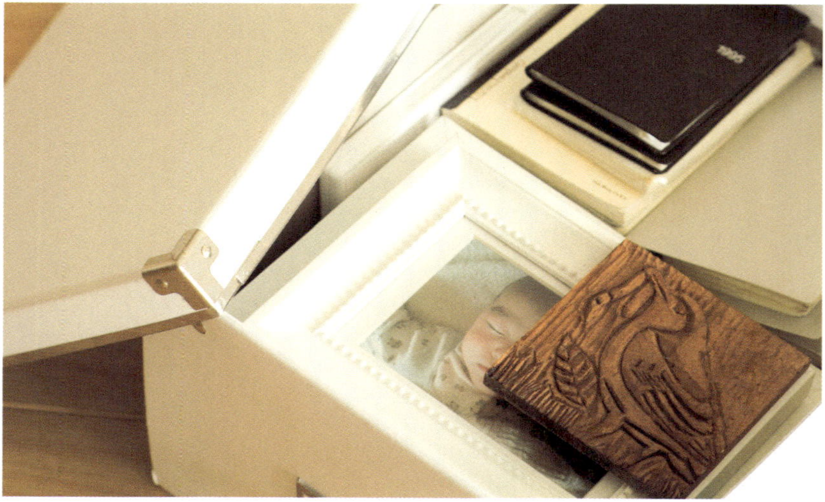

추억은 상자 하나에

남편과 저는 각각 하나씩 '추억 상자'를 갖고 있습니다. 예전에 받은 편지, 추억이 깃든 수첩, 아이들이 어렸을 때 찍은 DVD 등 보물들은 모두 이 상자 하나에 보관합니다. 그리고 절대 이 상자가 넘치지 않도록 유의합니다.

제 졸업 앨범은 친정에 있습니다. 저는 필요 없지만, 어머니가 소장하고 싶다고 해서 어머니에게 맡겼습니다. 남편은 유치원 때부터의 졸업 앨범을 전부 갖고 있습니다. 제 것이 아니므로 참견하지 않습니다.

아이의 작품은 어디까지 보관해야 할까?

아이들이 만들어 온 작품이나 상장은 아이들이 만족할 때까지 보관하는 편입니다.

이미 지난 유치원이나 초등학교 때의 그림이나 상장은 근사한 것만 사진에 담아 남겨 둡니다. 그중에서도 버리기 아까울 만큼 멋진 작품은 평면 작품에 한해 그대로 둡니다. 공작 같은 입체 작품은 1~2주간 거실에 장식한 뒤 아이들이 희망하면 아이들 공간에 장식합니다. 청소는 아이들에게 맡깁니다. 물건이 있으면 별도의 손질과 청소가 필요하다는 사실을 알려 주기 위해서지요.

이런 식으로 관리해 온 큰아들 작품은 아이가 고등학교 입학이 정해진 시점에 이제 그만 정리해도 되지 않을까 하는 생각이 들었습니다. 본인도 필요 없다고 해서 봄방학 때 A4 크기의 파일 하나 분량으로 정리했습니다. 유치원, 초등학교, 중학교 졸업증은 전부 처분했습니다. 고등학교에 들어갔으니 의무교육의 졸업증은 더 이상 필요 없습니다.

모든 것을 기록으로 남기려는 욕심을 버린다

아이들의 모습은 무엇 하나 놓치지 않고 모두 비디오나 사진으로 담고 싶은 게 부모의 마음이지요. 저 역시 마찬가지였습니다. 그러나 지금은 사진, 특히 동영상은 가급적 많이 찍지 않으려고 노력합니다. 아이의 모습을 담느라 정작 보는 데 집중할 수 없기 때문입니다.

게다가 저는 촬영 기술도 신통치 않아서 잘 찍질 못합니다. 같은 모습을 하고 있는 많은 아이 중에 우리 아이를 찾기도 어렵습니다. 운동회처럼 여러 아이가 이리저리 돌아다니는 행사에서는 아이를 놓쳐 버리면 이미 끝입니다. 늘 동영상도 잘 찍지 못하는 데다 아이의 모습도 제대로 보지 못해서 후회하기 일쑤였습니다. 캠코더의 뷰 파인더를 통해서가 아니라 직접 눈으로 보는 편이 훨씬 감동적이고 현장감이 넘친다는 사실을 깨달은 뒤부터는 학교 행사에서 촬영은 최소한으로 하고 있습니다. 아이들의 행사 추억들을 '기록'이 아니라 '기억'에 남길 수 있도록 매 순간을 있는 힘껏 눈에 담으려고 노력합니다.

대신 평소 아이들이 집 안에서 자유롭게 지내고 있는 모습을 보다 자주 찍으려고 합니다. 가까이에서 찍을 수 있으니 값

비싼 렌즈나 고도의 기술도 필요 없습니다. 무엇보다 몇 년 지난 뒤 다시 보더라도, 학교 행사 때보다 꾸밈없는 일상의 모습을 보는 게 더 즐겁습니다.

동영상을 많이 찍지 않는 또 하나의 이유는 찍고 난 뒤의 관리가 귀찮기 때문입니다. 용량이 가벼운 사진은 간단히 편집, 복사할 수 있지만 동영상 편집에는 시간과 노력이 듭니다. 데이터는 물리적으로 장소를 차지하지 않는다 해도 동영상과 사진의 용량은 다릅니다. 동영상을 담아 놓을 저장 공간이 필요합니다. 또한 이를 재생할 전자 기기도 필요하지요. 지금의 전자 기기가 구시대의 유물이 되면 다시 새로운 것으로 옮겨야 합니다. 한때 CD나 비디오테이프를 떠올려 봐도 금방 알 수 있습니다. 그 작업을 해야 한다는 생각만으로도 정신이 아찔해집니다.

또 저는 지금 아이들의 모습을 나중에 다시 보며 떠올릴 수만 있으면 그걸로 족하다고 생각합니다. 그래서 동영상 편집이나 데이터 정리 작업은 되도록 안 해도 되게끔 신경 씁니다. 한 배경에서 사진을 수십 장 찍어도 그 중에서 잘 찍힌 5장 정도만 남기고 나머지는 당일에 삭제합니다.

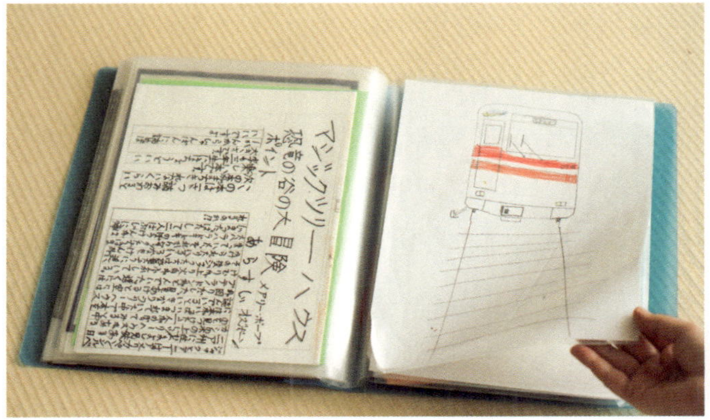

상단 왼쪽　남편과 하나씩 갖고 있는 '추억 상자'. 소중한 보물은 오로지 이 상자에만 보관한다.

상단 오른쪽　멋지다고 생각한 아이들 작품을 붙이는 공간. 한동안 장식하고 난 뒤 보관은 아이들에게 맡긴다.

하단　아이들 작품은 A4 크기의 파일 한 권에 정리하여 간결하게.

데이터에도 필요한 비우기

저는 기본적으로 동영상뿐만 아니라 데이터 역시 꾸준히 비우고 버리기가 필요하다고 생각합니다. 아무리 차지하는 공간이 적다 해도 데이터 역시 장소를 차지하며 관리가 필요한 물건입니다. 백업하고 정리하느라 번거롭고 싶지 않습니다.

'데이터를 백업해 놓아야 하는데.' 혹은 '사진을 정리해야 하는데.'라고 생각하면서도 귀찮아서 좀처럼 하지 못했던 때가 누구나 한 번쯤 있을 것입니다.

저는 사용하던 PC와 하드디스크가 갑자기 먹통이 되어서 당황한 적이 있습니다. 백업도 해두지 않아서 아이들이 어릴 때부터 찍은 사진 전부를 날릴 뻔했습니다. 그때 여러 곳에 백업해 두는 중요성을 실감했습니다. 지금은 외장 하드와 클라우드에 데이터를 보관하고 있습니다. 아이폰과 맥 컴퓨터를 사용하고 있기 때문에, 아이폰의 데이터를 자동으로 업로드해 주는 애플의 아이클라우드 유료 서비스를 이용하고 있습니다. 백업 작업이나 용량을 신경 쓸 필요가 없기 때문입니다. 모든 데이터를 날릴 경우를 고려하여 저 같은 귀차니스트는 유료 서비스를 이용하면 안심을 사는 셈이므로 마음이 편안해집니다.

점점 늘어나는 설명서와 레시피 보관법

유명 메이커의 가전제품 사용 설명서는 대개 홈페이지에서 다운로드할 수 있으니 갖고 있을 필요가 없습니다. 다만 구입 후 얼마 동안 조작이 익숙해질 때까지는 보관합니다. 보증 기간이 지나면 보증서와 함께 버립니다.

이미 데이터로 되어 있는 레시피는 검색 기능이 충실한 에버노트 앱으로 관리합니다. 반면 종이로 된 레시피는 관리하기가 복잡합니다. 잡지에서 자른 레시피나 책 스크랩, TV에서 보

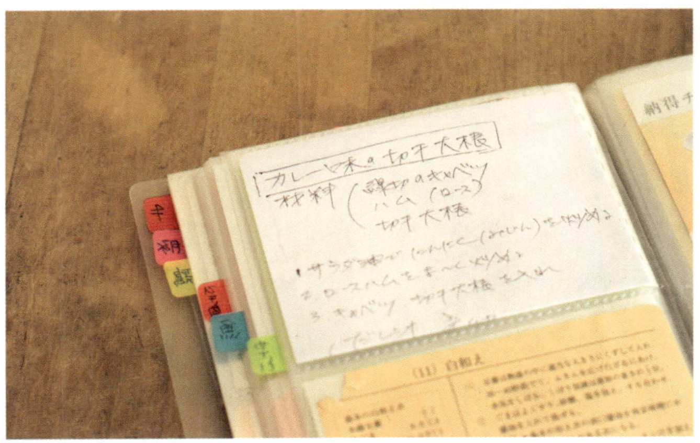

레시피는 무인양품 엽서 홀더에 넣어서 아날로그식으로 보관한다.

고 휘갈겨 쓴 메모 등 형태도 제각각입니다. 이럴 때 무인양품의 엽서 홀더를 쓰면 편리합니다. 접어 넣을 수 있어서 레시피를 넣고 빼기가 쉽습니다. 투명하므로 뒷면에 원하는 정보가 있을 때도 볼 수 있습니다. 여기에는 자주 만드는 레시피만 보관합니다. 한동안 넣어 두었다가 별로 만들지 않는 레시피는 빼서 처분합니다.

PART 4

청소, 요리, 수납이
편하고 기분 좋아지는 살림법

집은 가족이 에너지를 충전하는 곳.

맛있고 건강한 음식과 마음 편한 휴식,

가족과의 평온한 시간.

집을 세상에서 가장 편안한 장소로

가꾸는 일은 그리 어렵지 않습니다.

즐거운 간결한 살림법

매일매일 깨끗하고

필요한 물건을 바로 꺼낼 수 있는 미니멀 키친.

부엌일이 빨라집니다.

가족이 함께할 수 있는 공간

우리 집에는 식욕이 왕성한 아들 삼 형제가 있습니다. 집안일 중에 가장 힘들면서도 중요한 건 이 아이들을 먹이는 일입니다. 그래서 부엌일을 척척 할 수 있도록, 하지만 저만 부엌에 틀어박히지 않고 가족이 자연스레 함께할 수 있도록, 필요한 물건만 갖춘 낭비 일절 없는 부엌을 만들기 위해 심혈을 기울입니다.

집에서 가장 바쁜 공간인 부엌에서 물 흐르듯이 효율적으로 작업하려면, 지나치게 넓지 않은 간소한 부엌이 좋습니다.

예전에 살던 집은 식탁과 부엌이 떨어져 있었는데 이사하면서 一자형 부엌으로 만들고 넓이도 줄였습니다.

부엌이 작아지고 식탁과의 거리가 짧아지면, 몇 걸음 떼지 않아도 모든 작업이 항공기 조종석처럼 작은 범위 안에서 이루어집니다. 부엌의 문턱이 낮아지니 가족이나 손님과 함께 요리를 만들거나 도울 기회도 늘어났지요.

◦ 식탁 바로 옆에 있는 ―자형 부엌

대면형 부엌보다 식탁과의 거리가 짧아서 가족이나 손님이 도와주기 쉽다. 부엌에 돌아 들어가지 않아도 되며 식기를 넣고 꺼내기도 편하다. 많은 사람이 함께 요리할 때는 식탁도 조리대로 쓸 수 있다.

물건은 최소로, 요리는 간편하게

물건이 줄어들면 넣고 꺼내기가 한결 수월해집니다. 청소하기도 쉽고요. 최근 주류가 된 대면(對面)형 부엌은 조리할 때의 어수선함이 보이지 않는 장점이 있습니다. 대신 카운터를 돌아야 부엌에 들어갈 수 있으며, 식탁과 부엌의 거리가 멀어집니다.

물건을 줄이고 정리해 두면 ―자형 부엌이어도 충분합니다. 필요한 도구만 갖춘 부엌은 관리와 청소, 물건 넣고 꺼내기가 원활하여 시간을 대폭 줄일 수 있습니다. 조리하지 않을 때의 부엌은 평소 사진과 같은 모습입니다.

 냄비는 사용 빈도가 높으므로 찬장에 집어넣지 않는 편이 좋다. 이 선반에는 냄비를 수납하고, 조리 후 일시적으로 냄비를 놔둘 때도 사용한다.
 식탁이 부엌 옆에 있으면 움직이는 식탁을 손수레처럼 활용하여 식기를 편하게 넣고 꺼낼 수 있다.

없어도 충분한 조리 도구

쓰던 게 망가지면 바로 사지 않고 없는 대로 생활해 봅니다. 커피 메이커, 전기 그릴, 토스터기, 깨진 식기 등등. 망가지면 집에 있는 걸로 대체할 수는 없는지 먼저 생각해 봅니다. 대용품으로도 얼마든지 쾌적하게 지낼 수 있습니다.

식기 건조대

설거지는 식기세척기로 하므로 식기 건조대는 필요 없습니다. 냄비 종류는 행주로 바로 닦습니다. 조리할 때 사용한 식기를 씻어서 임시로 두고 싶을 때는 노다 호로의 보관 용기 속 뚜껑을 이용합니다.

토스터기

굳이 토스터기를 사용하지 않아도, 생선 굽는 그릴로 충분히 빵을 구울 수 있습니다.

전기 그릴

대형 프라이팬으로 대용합니다. 휴대용 버너와 함께 쓰면 식탁 위에서 조리할 수 있습니다.

커피 메이커

남편이 커피를 별로 마시지 않아서 핸드 드립으로. 아웃도어용 커피 바넷은 씻기 쉽고 튼튼하며 수납공간도 별로 차지하지 않아 좋습니다.

핸드 블렌더

아이의 이유식을 소량으로 만들 때는 편리하게 사용했습니다. 하지만 가족이 늘어나 먹는 양이 많아진 지금은 핸드 블렌더로는 재료를 가는 데 시간이 오래 걸립니다. 양손을 다 써야 하는 것도 단점입니다. 지금은 푸드 프로세서만 사용하고 있습니다.

홈 베이커리

큰아들이 급식으로 빵이 자주 나오는 초등학교에 다니기 시작한 뒤로 아침 식사는 될 수 있는 한 밥을 먹이려고 합니다. 덕분에 빵을 먹을 기회가 적어졌습니다. 무반죽 빵을 만들면 도구 없이도 손수 구운 맛있는 빵을 즐길 수 있습니다.

버터 케이스

사용할 때마다 버터가 안쪽에 달라붙어서 깔끔하게 유지하는 데 애를 먹었습니다. 지금은 버터를 싼 은박지에 그대로 보관합니다. 표면이 잘 산화되지 않으며, 버터가 작아지면 더 간결하게 수납할 수 있습니다. 먹을 때는 접시에 덜어서 다시 냉장고에 넣어 두었다가 꺼냅니다. 빨리 녹이고 싶을 때는 뜨거운 물로 데운 컵을 씌워 놓습니다.

상단 왼쪽　전기 그릴 대신 팬케이크도, 불고기도 큰 프라이팬으로 가능하다.

상단 오른쪽　커피 메이커는 필요 없다. 아웃도어용 커피 바넷은 씻기 쉽고 튼튼하며 장소를 차지하지 않는다.

하단 오른쪽　버터는 포장되어 있는 은박지에 싸서 그대로 보관.

하단 왼쪽　토스터기 대신 생선 구이 그릴로 빵을 굽는다.

동경하는 그릇일지라도

프로 요리사가 사용하거나 잡지에 실린 보기만 해도 기분이 좋아지는 조리 도구가 있으면 좀 더 요리를 잘할 수 있을 것만 같은 느낌이 들지요. 하지만 실제로 손에 넣으면 수납공간만 차지하고, 사용하기도 손질하기도 번거롭습니다. 심지어 너무 무거운 것들도 많습니다.

실용성을 겸비하지 않은 도구는 사지 않습니다. 찜 요리를 맛있게 해주는 법랑 주물 냄비는 탐나기도 하지만, 지나치게 무거울 것 같습니다. 가정용 도정기를 사용하면 맛있는 밥을 매일 먹을 수 있겠지만, 매번 도정하기도 번거로울 것 같고요. 선망하기는 하지만 사지 않습니다.

또 기능이 많은 물건을 선호합니다. 기능이 많은 물건 하나로 여러 개의 물건을 대용할 수 있기 때문에 물건을 줄이는 데 대단히 효과적입니다.

냄비와 볼은 둘 다 식품을 넣는 용기입니다. 냄비는 불에 올릴 수 있지만, 볼은 그럴 수 없습니다. 볼은 바닥이 둥글어서 반죽을 세심하게 잘 섞어야 하는 과자나 빵을 만들 때는 꼭 필요하지만, 그런 경우가 아니라면 불에 올릴 수 있는 냄비가 볼보다 다기능이라고 할 수 있습니다.

　마찬가지로 작은 볼과 덮밥 그릇을 비교해 보면, 밥을 담을 수 있는 덮밥 그릇이 다기능이라고 할 수 있겠지요. 우리 집에는 작은 볼이 없습니다. 계란을 풀거나 조미료를 섞을 때는 그릇을 씁니다.

5인 가족의 밥그릇은 4개

기본적으로 아이들을 위한 전용 접시는 없습니다. 막내에게
는 어른보다 한 사이즈 작은 접시를 주지요. 다만 젓가락이나
밥그릇처럼 손으로 들고 사용하는 건 손 크기에 맞는 게 필요
합니다.

5인 가족이니까 밥그릇이 5개 있는 게 당연하다고 여겨질
것입니다. 어느 날 큰아들의 밥그릇이 깨진 뒤 한동안 없이 지
내 보았더니 밥그릇 4개로도 충분하다는 사실을 알았습니다.
큰아들은 아침을 먹지 않으며, 남편은 술자리 때문에 집에서 저
녁을 잘 안 먹습니다. 휴일 낮에는 주로 면 요리를 먹고 밥은 거
의 먹지 않고요. 큰아들과 남편이 동시에 밥그릇을 사용할 때가
거의 없는 셈이지요. 혹시라도 함께 먹을 때가 생기면, 누구든
다른 식기를 사용하면 됩니다.

밥그릇과 국그릇의 용도를 한정하지 않고 사용하면, 식기
수를 더 줄일 수도 있습니다. 하지만 그렇게 하지 않는 이유는
밥그릇을 손에 들고 먹는 식사 습관을 아이들이 자연스레 익히
길 바라기 때문입니다. 밑에 있는 굽이 짧거나 아예 없는 식기
는 바닥이 뜨거워져서 밥이나 국물을 담으면 손으로 나르기 힘

듭니다. 반면 국을 별로 먹지 않는 가정이라면 국그릇용 그릇을 아예 사용하지 않는 방법도 있습니다. 젓가락 받침 역시 그다지 필요하지 않지만, 젓가락질을 자연스레 익히기 위해서는 필요합니다. 우리 집에서는 누에콩만 한 작은 젓가락 받침을 애용하고 있습니다. 물건의 적정량은 사람에 따라 달라지기 마련입니다.

냄비로 빠르게 밥 짓기

우리 집에는 전기밥솥도 없습니다. 결혼할 때부터 아예 사지 않았습니다. 쌀로 밥만 짓는 전기밥솥보다는 냄비가 다기능이지요. 밥 짓기 외에도 찌고 튀기고 굽고 삶는 모든 요리를 할 수 있으니까요. 예전에는 압력솥을 사용했는데, 가족들이 압력솥으로 지은 밥보다 스테인리스 냄비로 한 밥이 더 맛있다고 해서 압력솥은 처분했습니다.

밥을 지으려면 질냄비여야 한다고 생각하기 쉽지만, 질냄비가 아니어도 할 수 있습니다. 밥 짓는 전용 냄비가 아니어도 뚜껑만 있으면 밥은 지을 수 있습니다. 캠핑장에서 쓰는 반합을 떠올려 보세요. 그렇게 얇은 알루미늄 용기로도 밥을 할 수 있습니다. 쌀 불리는 시간을 제외하고, 불에 앉힌 뒤 먹을 때까지 20분만 있으면 맛있는 밥이 완성됩니다.

큰아들이 중학생이 되어서 매일 도시락을 싸기 시작했을 무렵, 아침잠이 많은 저는 타이머 기능이 있는 전기밥솥이 필요하다고 생각했습니다. 하지만 전날 밤에 쌀을 씻어 두고 아침에 바로 불에 올리면, 다른 반찬을 싸거나 밖에 나갈 채비를 하는 동안 밥이 완성되었습니다. 역시 전기밥솥은 필요 없더군요.

쌀이 뜨거운 물속에서 고르게 가열되면 밥맛이 좋아진다고 합니다. 그래서 적은 양의 밥을 맛있게 하려면 지름이 작은 냄비에 하는 게 좋습니다. 손님이 왔을 때는 대형 전기밥솥 없이도 집에 있는 큰 냄비로 밥도, 필래프도 만들 수 있지요.

우리 집은 평일에는 아침에 4인분, 저녁에는 2.5인분을 짓기 때문에 저녁용 밥은 작은 냄비에 합니다. 갓 지은 밥이 가장 맛있지요. 그래서 아침에도 저녁에도 밥을 합니다. 쌀을 씻을 때는 작은 거품기를 사용하여 수고를 줄입니다. 식사 시간이 조금 엇갈릴 때는 '냄비 모자 ®(공익재단법인 전국 도모노카이 진흥 재단의 등록 상표입니다.)'를 사용하여 보온하므로, 전기밥솥의 장점인 보온 기능도 필요하지 않습니다.

상단   우리 집에는 전기밥솥이 없다. 밥도 냄비로 20분 만에 재빨리.
하단   집을 비울 때도 안전하게 보온할 수 있는 '냄비 모자®'를 사용하여 밥을 보온한다.

애용하는 반찬통은 유리와 법랑입니다. 식기세척기에 넣어도 되고, 오븐 요리도 가능하며, 그대로 식탁에 낼 수도 있지요.

파이렉스 유리 용기 '팩&레인지'

유리라서 외관도 깔끔한 반찬통은 샐러드 등을 담아서 통째로 식탁에 냅니다. 투명해서 내용물을 확인하기도 쉽지요. 주로 생야채로 만든 반찬이나 데친 녹황색 채소 등을 보관합니다.

노다 호로 '화이트 시리즈 직사각형'

재료 준비용 밧드로 사용하기도 하고, 불에 그대로 올려서 데워 먹는 반찬을 보관할 때도 사용합니다. 법랑 뚜껑이 있으면 냄비 대용으로 밥을 짓거나 카레 1인분을 데울 수도 있습니다. 케이크나 빵 굽는 틀로도 사용합니다. 재료를 섞기만 하면 되는 간단한 케이크나 무반죽 빵은 휴일의 특별한 간식입니다.

상단 왼쪽　큰 용기에는 누카즈케(쌀겨에 절인 오이-옮긴이)를 보관. 오른쪽은 두 종류의 아사즈케(즉석에서 간단히 만드는 채소 절임-옮긴이)를 동시에 만드는 중. 쌓을 수 있으므로 둘 중 하나를 누름돌로, 한 사이즈 작은 뚜껑은 위쪽 용기의 누름돌로 사용한다.

상단 오른쪽　뚜껑 달린 밧드는 조리하는 중에도 냉장고에 넣거나 층층이 쌓을 수 있어 편리. 랩도 불필요. 쌓아서 보관할 수 있으므로 수납 장소나 조리 공간을 절약할 수 있다.

하단 오른쪽　빵이나 케이크 틀로도 활용. 다 구워지면 그대로 식탁에 올린다. 차가운 디저트를 만들 때도 위력을 십분 발휘. 젤라틴이나 한천으로 만든 과자, 푸딩 등은 그대로 불에 올린 뒤 차갑게 식히기만 하면 끝. 설거지가 줄어든다.

하단 왼쪽　귀가가 늦는 남편을 위한 그라탱 1인분. 이대로 식기로 사용한다.

수납은 꺼내기 쉽고 넣기 쉬운 것이 기본입니다.

이중에서도 넣기 쉬운 것에 중점을 두면

훨씬 수납이 간결해집니다.

몇 초 만에 꺼낼 수 있을까?

저는 조리 도구나 재료를 1초라도 빨리 꺼낼 수 있도록 적당한 장소에 수납하는 데 상당히 신경을 쓰는 편입니다. 예전에 한 TV 프로그램에서 쓰려는 냄비를 꺼내는 데 몇 초가 걸리는지 실험을 했습니다. 평소에 올바른 수납을 의식하고 있는 주부는 4초, 수납에 서툰 주부는 헤매느라 40초 이상이 걸렸습니다. 요리할 때는 동작이 차례로 연속되어야 효과적입니다. 그 흐름을 의식하는 수납과 그렇지 않은 수납은 물건 하나를 꺼내는 데 35초 이상의 차이가 생깁니다. 일련의 조리 과정에서 도구나 재료를 25가지 쓴다면 그 차이는 900초, 무려 15분입니다.

수납은 꺼내기 쉽고 넣기 쉬운 것이 기본입니다. 이 두 가지를 한꺼번에 고려하기 힘들 때는 '넣기 쉬운 것'에 중점을 두면 깔끔하게 정돈된 상태로 쉽게 되돌아갑니다. 꺼내기 쉽더라도 넣기 어려우면, 조리 시간은 단축되지만 정리하는 데 결국 시간이 듭니다.

:: 꺼내고 넣기 쉬운 부엌 수납 ::

상단 왼쪽 가운데 찬장

현재 보유한 식기는 두루 사용할 수 있는 서양식이 대부분. 식기세척기에 돌릴 수 있고, 닦아서 바로 정리할 수 있으며, 깨지면 바로 살 수 있고, 같은 형태끼리 겹쳐서 보관하기 쉬운 디자인을 선호한다. 무인양품의 아크릴 선반은 공간을 효율적으로 활용하는 데 도움을 주는 아이템.

상단 오른쪽 맨 오른쪽 찬장

도시락, 보온병, 반찬통을 수납. 가장 사용 빈도가 낮은 누름돌은 제일 위에. 누름돌을 싼 천의 매듭이 앞을 향하게 두면, 키가 작아도 쉽게 당겨서 꺼낼 수 있다.

상단 왼쪽 **서랍장 위**

젓가락, 커트러리 종류를 수납. 서랍이 깊어서 무인양품의 커트러리 보관함을 사용.

상단 오른쪽 **서랍장 중간**

분말이나 향신료를 수납. 유리 용기 '차미클리어'는 위에서 봐도 한눈에 파악하여 꺼내기 쉽다. 가족이 사용하기 쉽도록 이름표를 붙인다.

하단 오른쪽 **싱크대 밑**

싱크대에서 사용하는 볼이나 휴대용 버너, 저울, 푸드 프로세서 등을 수납. 주전자는 식기 전에 수납할 수 있도록 철제 선반을 사용한다.

하단 왼쪽 **서랍장 아래**

개봉하지 않은 식품을 보관. 여기에 들어갈 만큼만 두고 그 이상은 사지 않도록 관리. 개봉하면 커피 보관 용기에 담아서 수납한다.

조리 도구와 재료를 사용 빈도에 따라 1군(거의 매일 쓰는 것), 2군(한 달에 몇 번 쓰는 것), 3군(정월 혹은 계절별로 1년에 몇 번만 쓰는 것), 후보군(1년에 한 번도 쓰지 않는 것)으로 나눕니다.

1군은 바로 손이 닿는 일명 '골든 존(p136쪽 하단 사진 참조)'에 수납합니다. 2군은 몸을 구부리거나 까치발을 해야 하는 곳, 3군은 발 디딤대가 필요한 곳에 넣습니다. 부엌의 수납공간이 적다면 물건을 반드시 부엌에 보관해야 할 필요는 없습니다. 옛날 사람들은 제철이 아닌 건 곳간에 두었지요. 단 1년에 한 번도 쓰지 않는 후보군은 바로 처분합니다.

우리 집은 부엌 서랍장이 깊어서 커트러리 보관함을 2단으로 했습니다. 나이프 4개 중에 잘 쓰는 2개는 위에, 남은 2개는 1년에 몇 번 스테이크를 먹을 때만 쓰므로 아래에 둡니다. 같은 나이프여도 잘 쓰는 것만 가장 꺼내기 쉬운 장소에 두는 셈이지요.

조미료 찾기가 쉬워지는 수납

자주 사용하는 액체 조미료는 청주, 미림, 간장, 올리브 오일, 참기름 정도입니다. 딱 기본적인 것만 구비합니다. 종류를 한정하면 수납도 간단하고 찾을 때나 재고를 관리할 때 편합니다.

▶ 가장 꺼내기 쉬운 장소에
▶ 재빨리 찾을 수 있도록
▶ 가장 잘 사용하는 것끼리 짝지어 수납

이것이 저만의 조미료 수납 원칙입니다. 이것만으로도 조리 시간이 훨씬 단축됩니다. 조미료 수납은 가스레인지에서 가장 가까이 있는 싱크대 바로 위 맨 왼쪽 찬장(p136쪽 하단 사진 참조)에 합니다. 조리하면서 자세를 유지한 채 안에 있는 조미료를 한손으로 꺼낼 수 있도록 턴테이블 위에 조미료를 놓았습니다. 시판 중인 조미료용 턴테이블은 우리 집 찬장 크기와 맞지 않아서, 디스플레이용 턴테이블을 씁니다. 미끄러지지 않도록 노다 호로 보관 용기의 속 뚜껑을 깔았습니다.

조미료를 놓는 순서는 종류 순이 아니라, 가장 자주 함께 쓰는 것끼리 나란히 둡니다. 이름표는 부엌일을 돕는 가족을 위해 필수. 제자리에 놓기 편하도록 조미료 병뿐 아니라 턴테이블에 도 이름표를 붙입니다.

:: 턴테이블에 조미료를 두는 위치 ::

조미료는 가스레인지 위 찬장에 있는 턴테이블에 수납. 허리를 구부리지 않고 재빨리 1초 만에 꺼낼 수 있어 조리 시간을 줄일 수 있다.

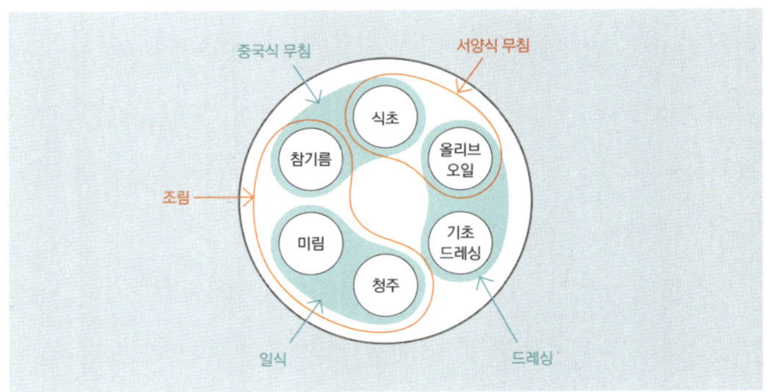

▫ 놓는 순서는 종류에 상관없이 가장 자주 함께 쓰는 것끼리 나란히
미림, 청주, 참기름은 우엉 조림 등의 볶는 요리에 사용하는 짝꿍들. 참기름과 식초는 무침에 쓰기 위한 이웃들. 식초와 올리브 오일도 샐러드를 만들 때 사용하므로 나란히.

옆에서도, 위에서도 잘 보이는 유리 용기

서랍장 3개 중 하나에는 가루나 향신료를 수납합니다. 옆에서도 위에서도 잘 보이는 유리 용기인 '차미클리어'에 담아서 사용합니다.

차미클리어는 입구가 넓어서 씻기 쉬우며, 재료가 빈틈없이 많이 들어갑니다. 뚜껑에 테두리가 달려 있어서 지름이 같으면 쌓아서 보관할 수도 있지요.

많은 수납 용기 중 이 제품을 선택한 결정적인 이유는 뚜껑을 열고 닫기 쉬워서입니다. 뚜껑을 20도 정도만 돌려도 열 수 있고, 닫을 때도 싹 닫혀서 시간이 절약됩니다. 예전에는 잼을 담았던 병을 썼는데, 나선 모양의 금속 뚜껑을 빙글빙글 돌려야 닫히기 때문에 대강 닫았다가 낭패를 본 적도 있었습니다. 별다른 힘을 들이지 않고도 꽉 닫히는 차미클리어는 부엌에서 빼놓을 수 없는 저의 애용품입니다.

액체 조미료는 다른 용기에 옮겨 담지 않습니다. 1.8*l*짜리 병으로 사는 청주나 미림 이외의 액체 조미료는 다른 데 옮겨 담지 않고 그대로 사용합니다. 미림은 빈 용기를 씻지 않고 그대로 부어서 보충합니다.

미관을 위해 다른 용기에 옮기면 품이 드는 데다 위생상의 문제도 있습니다. 또한 조미료 병은 그 내용물에 맞게 디자인되어 있습니다. 간장 병 입구는 간장을 따르기 좋게 만들어진 제품이 많지요. 그 병에 다른 조미료를 넣으면 따르는 양을 잘 조절할 수 없습니다.

시판하는 예쁜 조미료 병도 마찬가지입니다. 청주에는 딱 맞아도, 미림은 너무 많이 나오는 등 조절하기가 힘듭니다.

물불 가리면 한결 편해지는 요리

보통은 크기와 무게, 빈도로 나누어 수납 위치를 정하는데, 한 가지 더하여 '물 주변'과 '불 주변'으로 분류하면 부엌이 더욱 편리해집니다.

물을 쓸 때 사용하는 도구는 싱크대 옆의 물 주변. 가스레인지를 쓸 때 사용하는 도구는 불 주변. 냄비는 불 주변이 아니라 물 주변인 물건이므로, 싱크대 옆에 두는 게 좋습니다.

예전에는 불에 올리는 도구를 '냄비'로 한데 묶어서 프라이팬과 웍, 냄비를 모두 불 주변인 가스레인지 밑에 두었습니다. 하지만 냄비를 쓸 때는 우선 국물을 내거나 물을 끓이는 일이 많습니다. 밥도 냄비로 하니까 쌀통도, 밥 짓는 냄비도, 수도꼭지 옆에 두는 편이 훨씬 편리하더라고요. 참고로 가스레인지 아래는 허리를 구부려야 해서 하루에도 몇 번이나 넣고 꺼내는 것을 두기에는 적합한 장소가 아닙니다. 냄비는 물 주변, 프라이팬 류는 불 주변으로 나눈 뒤로 훨씬 사용하기 편해졌습니다.

물 주변인 물건은 이 밖에도 계량컵, 행주, 필러, 식칼, 도마와 같은 것들이 있습니다.

불 주변에는 프라이팬, 식용유, 볶을 때 사용하는 도구, 냄비

손잡이 등을 둡니다. 조미료는 요리에 따라 다르지만, 물 주변
과 불 주변 사이에 두는 것이 이상적입니다.

보이는 수납과 가리는 수납의 균형

모든 것을 오픈 수납하면 넣고 빼기가 편하겠지요. 하지만 깔끔해 보이도록 수납하려면 센스가 필요하며, 먼지가 쌓이거나 기름이 튀기 때문에 청소하기도 힘듭니다. 보이는 수납은 정말 자주 사용하는 것으로만 한정해야 전체적으로 수고가 줄어듭니다.

예전에는 조리할 때 사용하기 편하도록 잘 쓰는 도구나 설탕, 소금 등을 내놓고 썼습니다. 헌데 시험 삼아 전부 서랍 안에 넣었더니 청소가 훨씬 편해지고, 비는 시간에도 재빨리 닦을 수 있더군요. 저처럼 청소하기 싫어하는 사람은 되도록 내놓지 말고 장이나 서랍에 수납하는 편이 편하다는 걸 깨달았습니다. 넣고 빼기의 수월함과 간편한 청소, 깔끔한 외관을 저울에 올려놓고 자신에게 가장 편한 균형을 찾은 거죠.

다른 종류는 포개지 않는다, 모양이 같은 그릇도 2개까지만

겹쳐 놓으면 위에 있는 걸 치워야 아래에 있는 물건을 꺼낼 수 있으므로, 다른 종류의 물건은 겹쳐 쌓지 않는 게 수납의 철칙입니다. 모양은 같고 크기만 다른 물건을 보관할 때도 마찬가지입니다. 볼이나 냄비 등도 2종류까지만 포갭니다. 가장 위와 가장 아래는 비교적 꺼내기 쉽지만, 가운데 있는 건 위아래에 있는 걸 치우지 않으면 꺼낼 수 없습니다.

냄비를 찬장에 넣지 않는 이유

▶ 첫 번째 이유 : 어떤 냄비든 거의 매일 쓰므로 넣고 꺼내기 쉬운 장소에.

▶ 두 번째 이유 : 꺼내 놓아도 매일 씻으므로 먼지 쌓이는 걸 신경 쓰지 않아도 된다.

▶ 세 번째 이유 : 바쁠 때는 재빨리 물기를 제거하여 자연건조할 수 있다.

▶ 네 번째 이유 : 안에 음식을 담은 채로 수납할 수 있다.

이 네 가지 이유로 냄비를 찬장에 넣지 않는 것이 현재 제게는 가장 최적의 수납법입니다. 특히 네 번째 이유는 깔끔한 부엌을 유지하기 위한 중요 포인트입니다.

카레나 어묵탕 등을 냄비에 담은 채 두었다가 다음 날에도 데워 먹을 때가 종종 있습니다. 다음 날 먹을 반찬을 전날 해둘 때도 있습니다. 그 냄비를 가스레인지 위에 두면 다른 조리를 할 때 방해가 되고 냄비도 쓸데없이 더러워집니다. 그렇다고 다른 장소에 일시적으로 두면 부엌이 어수선해 보입니다. 우리 집 부엌은 좁기 때문에 냄비를 수납하는 공간이 일시적으로 냄비를 보관하는 기능을 함께 겸하고 있습니다.

프라이팬은 불 주변인 가스레인지 옆에 S자 모양의 후크를 달아 매달아 놓습니다. 프라이팬은 2개인데 모두 철제여서 씻고 나면 불에 살짝 달궈서 물기를 확실히 제거합니다. 후크에 매달면 뜨거운 채로도 보관할 수 있습니다.

기름기가 튀기 쉬운 장소지만, 사용 후에는 반드시 닦아 내므로 괜찮습니다. 철제 프라이팬은 손질이 어렵다는 이유로 잘 안 쓰는 경향이 있는데, 세제 없이도 뜨거운 물과 브러시로 싹싹 닦으면 되기 때문에 오히려 귀차니스트에게 딱 맞습니다. 결혼 후 19년째 쓰고 있습니다.

주전자는 수납한다

주전자는 가스레인지에 올릴 때 말고는 지정석을 정해서 쓰고 나면 바로 수납합니다. 주전자를 찬장에 수납하는 이유는 냄비처럼 쓸 때마다 전체를 닦지 않기 때문이지요. 가스레인지에 올려놓은 채 두면 금방 겉이 더러워집니다. 다른 조리에 방해가 되고 씻기도 번거로워서 찬장 안에 넣어 둡니다. 주전자도 프라이팬처럼 뜨거운 상태로 수납할 수 있도록 철제 선반 위에 두고 있습니다. 겨울에는 난로 위가 지정석이지요.

특별한 날에도 딱 찬장에 있는 식기만

식기는 사람 수 이상 갖고 있지만, 조리할 때도 볼 대신 그릇을 쓰기 때문에 기본적으로 찬장에 넣을 수 있는 만큼만 소유합니다. 가장 꺼내기 쉬운 가장 아래 단에는 자주 쓰는 컵, 밥그릇, 국그릇, 접시를 둡니다. 까치발을 해야 닿는 높이인 가장 위는 꺼내기가 조금 힘들기 때문에 사용 빈도가 낮은 대접이나 2군 도구, 제과 도구를 넣습니다.

집에 사람을 초대하는 파티를 할 때도 특별한 식기는 준비하지 않습니다. 사람 수가 많을 때는 손님들이 하나씩 요리를 해오는 포트럭 파티를 합니다. 그때 집에 있는 커트러리도 지참해 달라고 부탁하지요. 그래서 손님들이 종이컵, 종이접시, 일회용 젓가락 등도 가져옵니다.

파티의 목적은 모두 모여 즐거운 시간을 가지기 위해서입니다. 요리 솜씨나 갖고 있는 식기, 테이블 장식을 자랑하기 위한 자리가 아니지요. 편안한 모임에는 종이접시와 종이컵이면 충분합니다. 끝나면 정리하기도 편해 손님들도 크게 신경 쓰지 않습니다. 많은 사람을 초대하는 경우는 1년에 몇 번에 불과하므로 손님용 식기는 굳이 구비하지 않고 있습니다.

저장 식품은 서랍장 하나만큼만 보관

간소한 우리 집 부엌을 관리하기 쉽도록 식품 놓는 곳을 여러 군데 분산하지 않습니다. 대신 회전율을 높입니다. 집 근처 슈퍼마켓은 여차할 때 이용하는 식품 창고로 생각합니다. 이렇게 생각하고 나면 여차할 때를 대비해 집에 많이 쌓아 둘 필요가 없어집니다.

개봉하지 않은 식품은 서랍장 하나에 보관합니다. 건조식품, 캔, 과자 등을 수납하지요.

저장 식품을 살 때는 포장이 과한 것, 수분이나 공기로 부피가 크고 무거운 것은 가급적 피하고 있습니다. 무게도 무게일뿐더러 수납공간을 차지하므로 되도록 콤팩트한 쪽을 삽니다. 또 포장이 많은 식품은 부피가 커서 그만큼 쓰레기도 늘어납니다.

토마토 캔 → 토마토 페이스트(6배 농축)

스포츠 음료 → 가루 타입

참치 캔 → 참치 팩. 캔을 버리고, 캔의 물기를 빼는 수고를 덜 수 있다.

티백 → 개별 포장하지 않은 티백

구불구불한 인스턴트 라면 → 스트레이트 면

컵라면 → 봉지 면

하단 개봉한 식품은 큰 법랑 용기, 쌀은 작은 법랑 용기에 수납한다.

계절에 따라 수납 바꾸기

수납공간이 작은 부엌인 만큼 제철이 아닌 물건은 다른 장
소에 보관합니다. 반년에 한 번 정도 자리를 바꿉니다.

▶ **여름** : 보리차용 포트, 건면을 데치는 큰 냄비, 스포츠용
대형 물통
▶ **겨울** : 보온용 포트, 휴대용 버너, 휴대용 부탄가스

비상식량은 롤링 스톡

동일본 대지진이 발생한 3월 11일과 방재의 날인 9월 1일을 재난에 대비하는 날로 삼았습니다. 거의 반년에 한 번꼴이므로 방재용 생존 배낭의 내용물과 식품을 점검하는 데 안성맞춤이지요.

방재용 식량은 비상용으로 만들어진 특별한 식품이 있지만, 저희 집은 이것을 대신하여 항상 먹는 걸 조금 많이 비축해 두는 방법을 사용하고 있습니다. 휴대용 부탄가스와 물이 있는 한

우리 집 생존 배낭

가열 식품도 비상식이 되므로, 평소에 먹는 식사의 연장으로 생각하여 약간 많이 쌓아 둡니다. 그 밖에 말린 과일, 시리얼, 두유, 말린 고구마, 떡 등. 평소에도 간식으로 먹을 수 있는 음식들로 준비해 둡니다.

방재를 의식하면 자연에 대해 겸허한 자세로 살게 되고, 일상이 얼마나 행복한지 생각하는 계기가 됩니다.

음식은 삶의 질에 바로 영향을 미치는 만큼
좋은 식재료를 구하여 정성껏 요리하는 수고로움을
마다하지 않습니다. 다만 그 외의 불필요하다고 느끼는
부분에서는 과감히 생략하여 삶의 균형을 맞춥니다.

우리 집의 식비 절약법

가계비 절약이라고 하면 식비 절약을 가장 먼저 떠올리기 쉽습니다. 하지만 우리 집은 식비에 별로 인색하지 않은 편입니다. 가계비가 허락하는 범위에서 건강에 좋고 맛있어 보이는 재료를 고릅니다.

주거비, 자동차비, 통신비, 보험처럼 매일 일정하게 드는 '고정비'를 줄이는 편이 식비나 일용품 등 생활의 질에 바로 영향을 미치는 '변동비'를 절약하는 것보다 효과가 높고 생활의 만족도를 높인다고 합니다. 특히 매일 입에 들어가는 식사는 생활의 만족도로 바로 이어집니다.

저는 여러 군데의 슈퍼마켓을 다니며 가격을 비교하거나 짠돌이 가계부를 쓰진 않습니다. 다만 우리 집의 식비를 절약하기 위해 외식을 하지 않고 집에서 먹기를 실천하고 있습니다. 보다 싼 식재료를 찾아 발품을 파는 것도 좋겠지요. 하지만 거기에 드는 시간과 노력 역시 비용에 들어간다는 점을 잊어서는 안 됩니다.

특별한 날과 평상시를 구분하는 요리

식사 준비는 매일 해야 하는 고된 작업이지요. 그러므로 식사는 이래야만 한다는 고정 관념을 버리고, 하지 않을 것을 의식하며 심플하면서도 지속 가능한 식사를 지향합니다.

외국에 살았을 때나 해외여행을 갈 때면 매번 심플한 식사에 놀랍니다. 제가 살았던 미국에서는 매일 아침 시리얼과 과일을 먹고, 아이들 도시락은 땅콩버터 샌드위치와 초콜릿 바였습니다. 친구가 홈스테이를 했던 집에서는 세 번 중 한 번꼴로 저녁에 피자를 먹었습니다. 덴마크에 여행을 갔을 때도 아침은 빵과 데니쉬, 치즈, 요구르트. 아침에는 조리하지 않은 차가운 식사가 나왔습니다.

반면 우리들의 식탁에는 일식을 비롯해 양식, 중식 등 매일 삼시 세끼 다양한 메뉴가 올라옵니다. 매일 잘 먹는 생활 습관의 폐해인지, 이제 명절에 하는 요리도 젊은 세대에게는 인기가 별로 없습니다.

저 역시 예전에는 매일 제대로 차려 먹기 위해 필사적이었습니다. 그러다 기진맥진해지기도 했지요. 메뉴를 짜다가 우울해지고, 정성스레 준비하고 싶어도 시간이 없었습니다. 또 열심히 차려 먹다 보니 지갑은 얇아지고 뱃살만 쓸데없이 늘어나더군요.

그래서 특별한 날은 따로 기념하되, 보통 때는 간소한 식사를 하기로 했습니다. 계절 행사나 가족의 생일과 같은 날에는 특별한 식탁을 차리고, 평상시에는 지나치게 힘을 주지 않은 식사를 합니다.

물론 특별한 날이라고 해서 특정한 행사나 기념일만 의미하는 건 아닙니다. 평일에는 출근을 하니까 간단하면서도 재빨리 준비할 수 있는 메뉴를 위주로 하지만, 상대적으로 시간이 있고 가족이 다 같이 모이는 주말에는 정성껏 준비합니다. 심혈을 기울여 평소보다 반찬 가짓수도 많이 만들지요. 평일 식사가 간단한 만큼 주말의 성찬이 더욱 풍족하게 느껴집니다.

더욱 자주 행복을 느끼고 싶다면, 행복의 문턱을 낮추는 방법이 있습니다. 식단에도 이 방법을 도입하여 평소에는 간소하게, 그리고 특별한 날에는 푸짐하게, 이렇게 먹다 보면 식탁이 보다 풍족하게 느껴집니다.

영양은 뺄셈으로 생각한다

영양에 대한 사고방식은 영양이 부족할 때 만들어졌습니다. '○○을 많이 먹자, ○○은 하루에 몇 *mg*이 필요하다'는 식이지요. 부족함에 주목하는 덧셈의 사고방식 탓에 고혈압이나 당뇨병 등 이제는 성인병이 문제가 되었습니다.

생존을 위해 먹는 양은 다음 끼니까지 배가 고프지 않을 정도면 되는데도, 자기도 모르게 배불리 먹고 맙니다. 물건을 줄일 때와 마찬가지로 '부족함'이 아니라 '이미 많이 먹고 있다'는 사실에 주목하면, 얼마나 과식을 하고 있는지 깨닫게 됩니다. 지나치게 풍족한 현대의 식생활에서는 음식을 줄이는 뺄셈의 사고방식이 필요합니다.

철분의 보고로 알려진 톳의 철분 함유량이 작년에 9분의 1로 조정되었습니다. 실은 성분을 측정할 때 톳을 철제 냄비로 조리한 결과, 냄비의 철분이 톳의 철분으로 게재되었던 겁니다. 달걀은 우수한 단백질 식품이니 하루에 1개씩 먹으면 좋다는 말을 아무 의심 없이 믿어 왔지만, 어느 날 큰아들이 달걀에 심한 알레르기 반응을 보였습니다. 그때부터 영양소에 대한 일반적인 학설을 믿지 않게 되었지요.

대체 무엇이 몇 *mg* 필요하다는 기준은 어떤 근거로 만들어졌을까요. 필요량은 체격뿐 아니라 체질, 운동량에 따라 크게 달라지고 그 근거도 애매합니다. 칼슘이 든 식품을 먹더라도 다른 음식과의 궁합이나 식재료에 따라 섭취량이 그대로 몸에 흡수되지는 않을 테지요.

영양소가 얼마만큼 필요하다는 주장도 믿을 수 없으며, 해당 영양소가 그 수치만큼 함유되어 있는지도 의심스럽습니다. 그래서 영양표는 지나치게 신경 쓰기보다 참고하는 정도로 여깁니다.

몸에 담기보다 비우기가 중요하다

영양소를 골고루 섭취해야 한다, 한 끼 식사에는 반드시 국과 적어도 세 가지의 반찬을 곁들여야 한다 등의 식사 방침들은 고스란히 주부들에게 스트레스가 되지요.

하지만 저는 별로 신경 쓰지 않고 있습니다. 오늘 균형 있는 식사를 하지 못했다면 내일 오늘 부족한 걸 먹으면 됩니다. 혹은 오늘 지나치게 많이 섭취한 걸 내일은 피하면 됩니다. 점심에 고기를 많이 먹었다면 밤에는 채소를 많이 먹는 식으로 몇 끼 단위로 묶어서 생각하려고 합니다.

저런 식사 방침들보다 중요한 것은 제철 식재료를 적절한 방법으로 조리하여 먹는 것입니다. 이렇게 하면 쉽게 지속할 수 있습니다.

사견이지만 몸의 컨디션이 안 좋아지는 원인은 과식을 했거나 내보내야 할 노폐물을 내보내지 못한 탓이 큰 듯합니다. 물건을 줄여서 먼지를 제거하지 않으면, 방을 아무리 장식해도 깨끗해지지 않는 것과 마찬가지지요. 우리의 몸 역시 비우고 '내보내기'에 주목해야 합니다.

아침밥에 대한 고정 관념을 버린다

"아침 식사는 세끼 식사 중 가장 중요하다."

"아침 식사는 에너지원이 되므로 살찌지 않는다."

"아침을 거르면 살이 찐다."

"아침을 안 먹으면 힘을 낼 수 없다."

"아침을 먹지 않는 아이 중에 성적이 나쁜 아이가 많다."

몇 년 전까지 저는 이런 통설을 믿었습니다. 그러다가 우연히 아침을 먹지 않는 건강법이라는 '한나절 단식'을 알게 되었습니다. 오전은 몸에서 배출하는 시간이므로 아침 식사는 독이되며 아무것도 먹지 않는 것이 좋다고 주장하는 건강법입니다.

식욕도 시간도 없는 와중에 아침을 먹지 않으면 안 된다는 생각에 반강제적으로 아침밥을 먹어 왔는데, 한나절 단식을 알고는 2년 전부터 아침을 먹지 않는 실험을 계속해 봤습니다.

그 결과 출산 후 원상복귀하지 않던 체중이 뱃살을 중심으로 2*kg* 빠졌습니다. 유감스럽게도 그 이상은 줄지 않았지만요. 예전에는 아침마다 전쟁처럼 바쁘고 늘 시간에 쫓겼지만, 아침 식사 대신 물이나 녹차를 마시게 되면서 잠깐의 여유가 생겼습니다.

정 배가 고픈 날에는 되도록 위장이 활동하지 않게 주스나 흑설탕을 넣은 홍차를 마시며 집중해서 일하다 보면 눈 깜빡할 새 점심시간이 되지요. 제 방식대로 기분 좋게 한나절 단식을 지속하고 있습니다.

위장이 약하게 태어나 매일 소화제를 달고 살던 큰아들은 고등학교에 들어가면서부터 저와 같이 아침을 안 먹기 시작했습니다. 그러자 약을 더 이상 먹지 않아도 되었지요. 휴일 같은 때 가끔 아침 식사를 하면 역시 위가 아프다고 합니다. 아이가 아침을 먹지 않는 데 대해 찬반양론이 있겠지만, 키도 거의 컸고 몸도 어느 정도 성장했으니 본인의 컨디션을 우선적으로 생각하게 합니다.

아침을 안 먹는 아이는 시험 성적이 나쁘다는 이야기를 들은 적이 있습니다. 그런데 그런 아이들은 대부분 건강을 위해 일부러 아침을 안 먹는 게 아니라 밤늦게까지 노느라 아침에 일어나지 못하는 경우가 많지 않을까요.

불규칙한 생활로 아침을 먹지 않는 아이들은 성적이 나쁘다라는 이야기라면 수긍이 가지만, 아침을 안 먹기 때문에 성적이 나쁘다라는 논리는 사실 이해할 수 없습니다.

아마도 저는 아침 식사가 불필요한 타입인지도 모르겠습니

다. 이에 대해서는 앞으로 좀 더 아침을 먹지 않는 생활을 지속
해 본 뒤 제 나름의 결론을 찾아보고자 합니다.

조리하지 않는 아침 식사

결혼 전에는 아침으로 빵이나 시리얼을 먹었습니다. 임신하고부터 몸을 생각해서, 또 농촌을 응원하고 싶은 마음에 아침 식사로 밥을 먹기 시작했습니다. 그렇다고 해도 평일 아침부터 조리를 하지는 않습니다.

평일 아침 메뉴는 밥, 된장국, 수프, 절임 반찬, 저만의 아침밥 세트(오른쪽 사진), 도시락 반찬 남은 것, 과일 그리고 가끔씩 낫토를 곁들입니다. 정해져 있으니 간단하지요. 오늘은 무얼 먹을지 고민하지 않아도 됩니다. 전날 밤에 미리 쌀을 씻어 놓고 된장국의 육수도 미리 우려 놓으면, 아침에는 밥을 짓고 된장을 풀어 넣기만 해도 금방 맛있는 식사가 완성됩니다.

저와 큰아들은 아침을 먹지 않지만, 다른 가족은 먹습니다. 근처 공립 초등학교는 급식으로 1주일에 2번만 밥이 나오기 때문에, 점심 식사와의 균형을 고려하면 아침에는 역시 밥을 먹는 편이 좋은 듯합니다. 초등학교 고학년인 둘째 아들은 아침에 빵을 먹으면 점심시간까지 너무 배가 고파 참기 힘들다고 하네요. 급식이 없는 공립 중학교는 도시락이 필수이므로, 평일 아침에 밥과 빵을 번갈아 먹이는 빈도는 점점 줄어들 것 같습니다.

왼쪽 　매년 담그는 우리 집 된장. 원형 법랑 용기에 보관.
오른쪽 **'아침밥 세트'**
후리카케(밥 위에 뿌려먹는 가루로 된 식품-옮긴이), 김, 매실 절임, 조림 반찬, 구운 연어 캔, 멸치 볶음 등 상비 반찬을 보관 용기에 담은 것. 쟁반에 담아 냉장고에 두고 그대로 식탁에 낸다. 각자 좋아하는 반찬을 밥 위에 얹어 먹는다. 휴일에는 여기에 건어물과 달걀 요리를 추가한다. 썰어서 보기 좋게 담기만 하면 되는 누카즈케는 된장국과 함께 아침에 야채를 섭취하는 최고의 반찬!

계량하지 않는다

일정한 갓을 내는 데는 재료의 계량이 중요합니다. 하지만 매번 계량스푼이나 컵으로 재는 일은 번거롭지요. 도구를 사용하지 않고 적당량을 측정할 수 있다면 조리가 빨라집니다.

'설탕을 조금, 간장을 약간'처럼 손으로 대강의 양을 측정하는 걸 손대중이라고 하지요. 손대중은 조리할 때 많이 사용하므로 외워 두면 편리합니다.

'약간'은 엄지와 검지로 집는 양으로 대략 8분의 1 티스푼. '조금'은 엄지와 검지, 중지 세 손가락으로 집는 양으로 대략 4분의 1 티스푼입니다.

말린 식품이나 쌀 등 건조시킨 식재료 외에 수분 함량이 비슷하면 크기로 대강의 무게를 짐작할 수 있습니다. 달걀 하나에 50g이라고 외워 두면 달걀 몇 개는 몇 g이라는 식으로 대략적인 양과 무게를 측정하지 않고도 알게 됩니다.

매일 비슷한 양을 만드는 메뉴, 예를 들어 된장국 다섯 그릇이면 항상 쓰는 냄비에 어느 정도 높이로 물을 넣고 된장은 몇 스푼 정도 넣으면 되는지 용기를 기준으로 기억합니다. 저는 이런 방법을 '그릇 재기'라고 부릅니다. 이 그릇에 채소를 가득 담으면 약 500g이라고 외워 두면 하나하나 무게를 잴 필요가 없습니다.

다만 과자나 빵을 만들 때는 정확히 측정해야 실패하지 않습니다. 그럴 때는 저울을 꺼내지만, 저울의 수치를 보기 전에 '이 정도면 몇 g일까?'라고 스스로에게 퀴즈를 냅니다. 매번 하다 보면 무게의 실제 수치와 예측한 수치의 오차가 점점 줄어듭니다. 저울로 무게를 재기는 해도, 스스로 무게를 예측하는 눈썰미가 키워져 금방 적당 양을 넣을 수 있게 됩니다. 요리 시간이 상당히 줄어들지요.

요리하는 것 이상으로 식단을 짜고 장을 보는 데
시간이 걸립니다. 나들이 날에도, 바쁜 평일에도
언제든 활용할 수 있는 나만의 식단표와 레시피,
장 보는 방법을 마련해 보세요.

매일 뭐 먹지? 고민이 사라진다

요리를 하는 것도 힘들지만, 매일 무엇을 먹을지 정하는 일
도 골치 아픈 일 중 하나지요. 그래서 저는 레시피를 보지 않고
도 솜씨 좋게 만들 수 있는 메뉴 표를 만들었습니다. 그리고 스
마트폰으로 언제든지 볼 수 있게 해놓았습니다.

그중 한 가지 방법으로 가로축에는 닭고기, 소고기, 생선 등
의 재료를, 세로축에는 굽고 찌는 등의 조리 방법을 적어 놓습
니다. 서로 다른 셀에서 하나씩만 골라도 1주일 동안 다양하게
식단을 짤 수 있습니다. 무엇을 먹을지 고민될 때는 이 중에서
골라 만들기만 하면 되는 거지요.

제가 만든 표에는 메인 요리만 백여 가지가 담겨 있습니다.
그래서 같은 메뉴는 1년에 평균 3~4회, 즉 3~4개월에 한 번 정
도 식탁에 오릅니다(계절 요리나 좋아하는 요리들은 더 자주 해먹지만요.).
표를 활용하면 자주 하지 않아 잊고 있던 요리도 떠올리는 계
기가 됩니다.

또한 평일 저녁 메뉴를 다음과 같이 자신의 일정에 맞추어
대략적인 패턴으로 만들어 놓으면 한결 더 편리합니다.

평 일 메 뉴 표

월 : 단품 찜 요리
여유있는 주말에 미리 만들어 먹기 전에 데우기만 한다.

화 : 생선 요리
주말에 사둔 생선으로.

수 : 고기 요리
퇴근이 빠른 날이어서 정육점에 갈 수 있으므로.

목 : 두부 · 계란 요리
두부나 계란을 사용한 요리를 한다.

금 : 남은 재료를 활용하는 요리
주중에 쓰고 남은 재료를 이용해 냉장고 정리를 겸한 간단한 단품 요리.

정말 바쁜 사람의 평일 메뉴

위의 식단표도 부담스러울 수 있습니다. 저는 비교적 시간
적 여유가 있는 주말이면 여러 종류의 채소 무침과 냄비 가득
수프를 만들어 두고 평일에 곁들여 먹습니다. 대신 주말 요리는
보다 정성껏 만듭니다. 평일에는 쉽고 간단한 요리를, 쉬는 날
처럼 여유가 있을 때는 특별한 요리나 새로운 레시피를 시도해

봅니다.

이와 함께 평일에는 최대한 요리 품을 줄이기 위해 아래처럼 대략적으로 요리 메뉴를 정해 놓았습니다. 각각의 요리를 순서대로 매주 메뉴로 삼으면, 5일×4주 = 20일짜리 식단이 완성됩니다.

바쁜 평일의 메뉴표

월:주말에 만든 푹 끓인 단품 요리

화:덮밥의 날
돈가스 덮밥 또는 장어 덮밥, 닭고기달걀 덮밥, 중국식 해산물 덮밥, 마파두부 덮밥 또는 고추잡채밥

수:파스타의 날
크림 소스, 미트 소스, 토마토 소스, 오일 소스

목:필래프의 날
야채 볶음밥, 오므라이스, 영양밥, 카레 필래프

금:카레와 야키소바의 날
카레, 야키소바(겨울에는 그라탱), 드라이 카레, 하이라이스(겨울에는 스튜)

이처럼 대강의 식단을 짜두면 적어도 한 달 동안은 메뉴가 겹치지 않고 다양한 식단을 즐길 수 있습니다. 저녁에 무엇을 먹는지 더략적으로 정해져 있기 때문에, 이렇게 해놓으면 가족들도 점심 메뉴를 저녁 식단과 겹치지 않게 즐길 수 있습니다.

만약 이 메뉴가 너무 간단해서 식상하다면 자신의 취향에 맞는 음식으로 바꾸면 됩니다. 간결한 식사로 바꾸기 시작하면서, 최근 우리 집 식탁은 점점 더 식단표의 효과를 톡톡히 보고 있습니다.

 평일 메뉴표 중 하나인 고기 요리.

 주말에는 큰 냄비 한가득 재료가 듬뿍 들어간 수프를. 이와 함께 채소를 다 듬어 놓거나 채소 절임을 만들어 두면, 고기나 생선만 구워도 훌륭한 평일 식단이 완성 된다.

 만들어 둔 반찬은 투명한 통에 넣어서 냉장고에 보관. 무엇이 있는지 한 눈에 알 수 있다.

인터넷 요리법 어디까지 믿어야 할까?

가끔씩 레시피 사이트의 도움을 받기는 하지만 크게 의존하지는 않습니다. 인터넷에는 누구나 레시피를 올릴 수 있기 때문에 요리 초보자도 많이 올립니다. 물론 훌륭한 요리법을 만나면 행운이겠지만, 재료나 만드는 방법에 허점이 있는 레시피도 가끔 있습니다.

반면 책으로 나온 레시피는 몇 번이나 검증한 뒤 발표한 프로의 주옥같은 레시피지요. 아마추어가 올리는 인터넷의 레시피보다 신뢰할 수 있습니다.

또한 반복해서 하는 요리는 자기만의 레시피가 있을수록 편리합니다. 만들어 보고 조금 짰다 싶으면 레시피보다 소금 양을 줄여 표시해 놓거나, 내가 만들기 쉬운 양으로 바꿔 기록해 두는 것입니다.

인터넷을 이용할 때는 검색으로 찾은 레시피를 그대로 사용하지 말고, 에버노트 등의 앱을 활용하면 좋습니다. 텍스트를 추가할 수 있고 검색 기능도 잘 되어 있어서 레시피를 정리하기 편합니다. 저는 아직 손으로 쓰는 메모가 익숙합니다. 엽서 홀더를 레시피 수첩으로 활용하고 있습니다.

시간을 아끼는 장보기

싸다고 해서 멀리까지 식재료를 사러 가는 것 시간 낭비라고 생각합니다. 근처 슈퍼마켓에 가거나 배달 시스템을 활용하면 시간을 줄일 수 있습니다. 시간은 금입니다. 기다리는 시간만큼 아까운 건 없습니다.

세일 때는 가지 않는다

요일이나 특정한 날을 정해서 세일하는 슈퍼마켓이 많습니다. 저는 그날에는 되도록 가지 않습니다. 혼잡해서 상품을 빨리 고를 수 없으며, 익숙한 슈퍼마켓이어도 평소와는 다른 곳에 물건을 배치할 때가 있기 때문입니다. 계산대에 순서를 기다리며 줄 서 있는 시간이 제일 아깝기도 하고요. 차로 갈 경우 주차장 출입에도 시간이 걸릴 때가 있습니다. 그래도 세일 때에 가고 싶다면 아침 일찍 한산한 시간에 가도록 합니다.

카트에 바구니 2개

하나의 카트에 바구니 2개를 세트로 얹습니다. 하나에는 상온 식품, 또 다른 하나에는 냉장과 냉동 식품을 나누어 담습니다. 장바구니나 쇼핑백도 나누어 담으면, 집에 가서 서둘러 식사를 준비할 때 냉장고에 넣어야 할 것만 빨리 정리할 수 있습니다. 한 친구는 가계부 항목에 따라 바구니를 나눈다고 합니다. 그러면 나중에 영수증을 보면서 가계부를 쓸 때 같은 항목끼리 모여 있으므로 가계부 쓰기가 훨씬 수월해진다고 합니다.

계산할 때 장바구니에 넣는다

계산대에서 계산하는 종업원만 바쁜 게 아닙니다. 저 역시 계산이 끝난 상품부터 재빨리 장바구니에 담습니다. 장바구니에 넣기 위해 일부러 포장 테이블로 자리를 옮기지 않아도 되어, 계산이 끝난 순간 슈퍼마켓에서 나올 수 있습니다.

간결해도 맛있는 도시락

나들이 도시락으로 고민이 될 때는 무조건 주먹밥을 만듭니다. 도시락을 쌀 기운이 없을 때도 주먹밥이지요. 어차피 아침에 밥을 먹기 때문에 밥을 평상시보다 조금 많이 해서 남은 밥으로 쓱쓱 만들면 됩니다. 그 외에 별다른 게 없어도 이걸로 충분합니다. 시간도, 돈도 절약되지요. 간식은 필요 없습니다.

아이들과 기차로 2시간 정도 걸리는 곳으로 소풍 갔을 때의 일입니다. 차 안에서 따분해진 아이들이 10시 반부터 배가 고프다고 합창하더군요. 조금만 참으라고 달래기보다 싸온 주먹밥을 꺼냈습니다. 정답게 마주보고 앉아 기차 안에서 먹는 주먹밥. 과자보다 건강식이고, 소리도 나지 않으며, 음식을 흘릴 염려도 적습니다.

고등학생인 큰아들은 도시락을 가지고 다니는데, 급식이 나오는 날에는 도시락을 안 싸더라도 주먹밥만큼은 가져가게 합니다. 집에서 만든 밥이 안심이 되고 돈도 들지 않습니다.

도시락을 위해서 따로 만들지 않는다

말 그대로 도시락을 싸기 위해 따로 요리를 하지 않습니다.

도시락 반찬은 대부분 밑반찬이나 최근에 먹은 저녁 반찬에서 덜어 둔 것을 활용합니다. 아침에 이를 담기만 하면 되므로 도시락 3개도 20분 만에 뚝딱 완성입니다.

도시락을 편하게 쌀 수 있는 아이템 활용

도시락을 쌀 때 밥이 완전히 식을 때까지는 시간이 걸립니다. 밥의 습기를 확실히 잡아 주는 마게왓파(삼나무를 얇고 길게 잘라 엮어서 둥글게 만든 용기-옮긴이)에 담으면 밥이 식어도 맛있게 먹을 수 있습니다. 보온 도시락 역시 갓 지은 따끈따끈한 밥을 그대로 담을 수 있어 밥을 식히는 수고나 시간을 들이지 않고도 일반 도시락보다 편하게 쌀 수 있습니다.

도시락을 살 때는 가족이 모두 사용할 수 있도록 심플한 디자인으로 합니다. 도시락을 비롯해 유치원에 들고 가는 컵이나 물통 등은 주로 스테인리스를 선택합니다.

아이들인지라 친구들이 들고 다니는 캐릭터 도시락이나 물통을 갖고 싶어 하곤 합니다. 그럴 때면 저는 물통에 아이가 좋아하는 캐릭터 스티커를 붙입니다. 스티커는 따뜻한 물과 중성 세제로 깨끗이 벗길 수 있으므로, 캐릭터를 좋아하는 나이가 지나면 다시 원래의 '어른스러운' 물통으로 원상복귀됩니다.

상단 도시락을 위해 따로 요리하지 않는다. 도시락 반찬은 대부분 밑반찬과 며칠간 먹은 저녁 반찬을 덜어 둔 것. 색감은 다양한 색깔의 채소로 연출한다.
하단 왼쪽 도시락은 가족 모두 함께 쓸 수 있는 심플한 디자인.
하단 오른쪽 우리 집의 패스트푸드인 주먹밥. 나들이할 때, 무엇을 쌀지 고민될 때, 도시락을 쌀 기운이 없을 때도 만점이다.

아이가 스포츠 활동을 한다면 기온과 장소, 외출 시간 등에 따라 물통을 용량별로 구비하면 편리하기는 합니다. 하지만 이에 따라 다 갖추려고 하면 끝이 없습니다. 가족이 모두 함께 사용할 수 있는 것으로 최소한으로만 소유합니다.

도시락 색감은 음식 재료로

우리 집에 있는 도시락용 소품은 평범한 이쑤시개와 흰 종이컵뿐입니다. 색이 없는 수수한 도구나 소품을 쓰는 대신 색감은 식재료로 보완합니다. 밥과 고기, 볶은 반찬을 중심으로 도시락을 싸면 아무래도 흰색과 갈색이 대부분이지요. 그래서 채소를 많이 사용하는 편입니다. 그러면 보다 알록달록 예쁜 도시락이 완성됩니다. 또 색이 다양하면 영양소도 균형 있게 섭취할 수 있습니다. 식재료가 어느 쪽에 편중되었는지 한눈에 파악되기 때문입니다.

아이들도 함께하는 식사 준비

우리 집은 모두 남자아이지만, 어릴 때부터 집안일을 거들게 했습니다. 특히 요리를 적극적으로 시켰습니다. 지금은 옛날과 달리 돈만 내면 쉽게 외식을 하거나 반찬을 살 수 있습니다. 하지만 음식은 생명의 원천이므로 아이들이 집밥을 소중히 했으면 합니다. 남이 해주는 음식을 먹는 게 아니라 스스로 만들어 먹을 수 있도록 음식 교육을 합니다.

매일 쏟아지는 그 모든 빨래를 정성껏 세탁하고 개고,
수납하기란 만만치 않습니다. 온 가족이 모두 동참할 수 있도록
우리 집만의 빨래 룰을 만들었습니다.

매일 산처럼 쌓이는 빨래, 방법이 없을까?

큰아들이 중학생이 되자 빨아야 할 옷이 크게 늘었습니다.

야구부의 아침 훈련복, 교복 셔츠와 바지, 오후 야구 연습 때 입는 유니폼, 집에서 입는 실내복. 옷을 자주 갈아입혔던 유치원 때보다 더 많았지요. 더운 계절에는 하루에 내놓는 큰아들의 윗도리만 7벌이었습니다. 유치원생일 때보다 옷이 큰 데다 야구부 유니폼은 그야말로 흙투성이. 기저귀를 갓 뗀 막내가 실수할 때도 많아서 빨래가 매일 산처럼 쌓였습니다.

실은 저는 집안일 중에 빨래 개기를 가장 못합니다. 큰아들과 둘째 아들에게는 직접 자기 빨래를 개도록 시켰지만 걷어놓은 빨래가 산처럼 쌓여 있곤 했습니다.

그래서 개인별 바구니를 마련해 세탁한 빨래를 일단 넣어두는 방법을 시도해 보았습니다. 하지만 개인별로 바구니에 세탁된 옷을 넣어 주어도 뒤섞인 채로 바구니의 산만 높아졌습니다. 입을 옷이 없어지면 그 산에서 찾아 꺼내 입더군요. 매일 "빨리 개!"라고 말하기도 지쳐 갔습니다. 높게 쌓인 산을 모른 척하기도 힘들어서 결국 제가 개고 말 때도 있었지요.

그래서 의류의 수납 방법을 바꿨습니다. 빨래를 개는 수고를 없애기 위해 상의는 옷걸이에 걸어서 말린 뒤 모두 그대로 수납합니다.

옷걸이어 걸어서 수납하면 개서 보관할 때보다 수납공간이 3배 필요하다고 합니다. 옷걸이를 걸 장소를 확보하기 위해서 언젠가 쓸지 모른다고 생각해 묵혀 두던 가구를 처분했습니다.

그 결과 빨래를 개는 수고를 절반 이하로 줄일 수 있었습니다. 옷걸이에 걸지 않는 세탁물은 수건, 속옷, 양말, 손수건 그리고 사이즈가 작은 막내의 하의뿐입니다.

빨래를 바로 갤 수 없을 때는 세탁 바구니째 세면장 탈의실에 놓아둡니다. 이렇게 하자 거실에 방치되어 있던 빨래가 사라지게 되었습니다.

가족 옷장을 만들다

거는 수납으로 빨래 개는 양은 줄었지만, 갠 빨래를 아이들 방, 침실, 부엌, 화장실로 각각 가져가 수납하는 일은 여전히 수월치 않았습니다. 아이들에게 부탁하고 싶지만, 제가 원할 때 아이들이 해준다는 보장이 없었지요. 그래서 지금 사는 곳에는 5m^2 정도 크기의 '가족 옷장'을 만들었습니다.

가족 옷장은 가족 모두의 옷을 수납하는 동시에 갈아입는 공간이 되었습니다. 각 방에 빨래를 가져갈 필요가 없는 대신, 가족들이 저마다 이곳에서 옷을 갈아입습니다. 자연스레 가족의 협조를 얻을 수 있는 셈이지요.

빨래가 마르면 옷걸이에 건 채 옷장으로 옮깁니다. 옷장은 개인별로 장소가 정해져 있습니다. 옷걸이를 거는 행거의 길이는 남편이 180cm, 저는 40cm, 아이들은 각각 60cm 정도, 계절 외의 옷과 가방, 한 번 입은 옷을 일시적으로 두는 곳이 80cm입니다.

빨래를 걷어서 옷장으로 가져갈 때 개인별로 나누는 수고를 없애기 위해 말릴 때부터 옷걸이를 개인별로 구분해 걸어서 말립니다.

옷장 행거 중 비어 있는 110cm는 걷은 빨래를 일시적으로 거는 데 사용합니다. 옷걸이째 걷은 빨래는 이 빈 공간에 겁니다. 그러면 가족들이 시간 있을 때 각자의 장소에 자신의 빨래를 가져갑니다. 막내는 아직 손이 닿지 않으므로 낮게 설치된 막내용 행거까지 제가 내려 줍니다.

상단 빨래는 옷걸이에 걸어서 말리고, 그대로 옷장으로 옮길 수 있도록 개인별로 구분해 나란히 넌다.

하단 가족 옷장 중 마른 빨래를 일시적으로 두는 곳. 옷걸이에 걸어서 말린 빨래를 그대로 옷장에 건다. 걷은 의류는 왼쪽부터 걸고, 오른쪽에 있는 각자의 공간으로 옮기게 한다.

무인양품 옷걸이처럼

우리 집 옷걸이는 전부 무인양품의 알루미늄 옷걸이로 통일했습니다. 디자인이 심플한 데다 얇은 점이 매력입니다. 수납은 물론 빨래를 널 때도 사용하므로 잘 망가지지 않는 금속제가 가장 좋습니다. 니트나 네크라인이 파인 옷이 미끄러지지 않도록 실리콘 튜브를 5*cm* 정도 잘라서 끼워 놓았습니다.

옷걸이에서 빨래가 미끄러져서 스트레스였는데, 무인양품에 갔다가 옷걸이에 미끄럼 방지 실리콘이 붙어 있는 걸 발견했습니다. 그 실리콘을 따로 판매하는지 문의했는데, 팔지 않는다고 하더군요. 집에 비슷한 게 있지 않을까 싶어 찾아보다가 아기용 빨대를 응용했습니다. 수족관용 공기 펌프 튜브 등도 가능할 것 같습니다. 미끄럼 방지 옷걸이와 달리 옷을 꺼내 입을 때 힘들지도 않고, 디자인을 해치지 않으면서도 쉽게 옷을 걸거나 꺼낼 수 있어서 정말 마음에 듭니다.

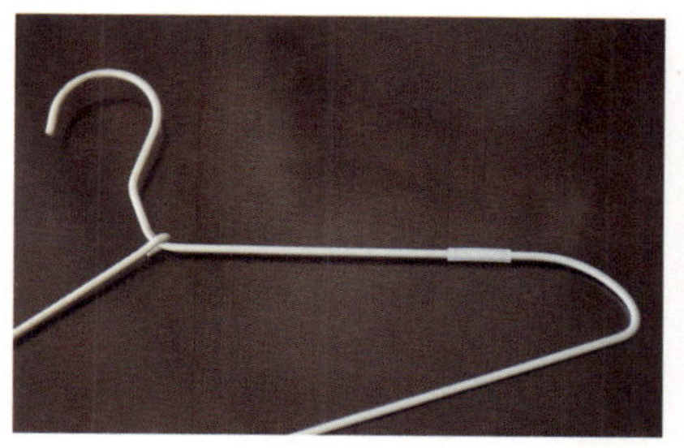

상단 무인양품의 옷걸이에 투명한 튜브를 끼워 빨래가 미끄러지지 않도록 한다.
하단 걸지 않은 빨래는 수납 장소에서 나눈다. 씻은 뒤 바로 입는 속옷은 세면장에서 나눈 뒤 개지 않고 수납. 수건은 그대로 교환한다.

수납 장소에서 바로 갠다

예전에는 거실에서 빨래를 갰지만, 방으로 옮기는 도중에 애써 갠 빨래가 흐트러지거나 가족별로 나누어 놓은 옷이 섞여버리곤 했습니다. 그래서 빨래 개는 곳을 세면장 탈의실로 바꿨습니다. 개는 빨래는 주로 수건, 손수건, 막내의 하의, 양말, 속옷인데, 바로 갤 수 없을 때는 세탁 바구니째 세면장 탈의실에 놓아둡니다.

저는 세면장 탈의실에 있는 자투리 공간에서 갤 것을 분류합니다. 속옷과 수건은 세면장에 수납하므로 거실보다 세면장에서 개는 편이 효율적이거든요. 가족 옷장으로 가져가는 건 손수건과 양말뿐입니다.

:: 개고 넣는 게 쉬워지는 빨래 흐름 표 ::

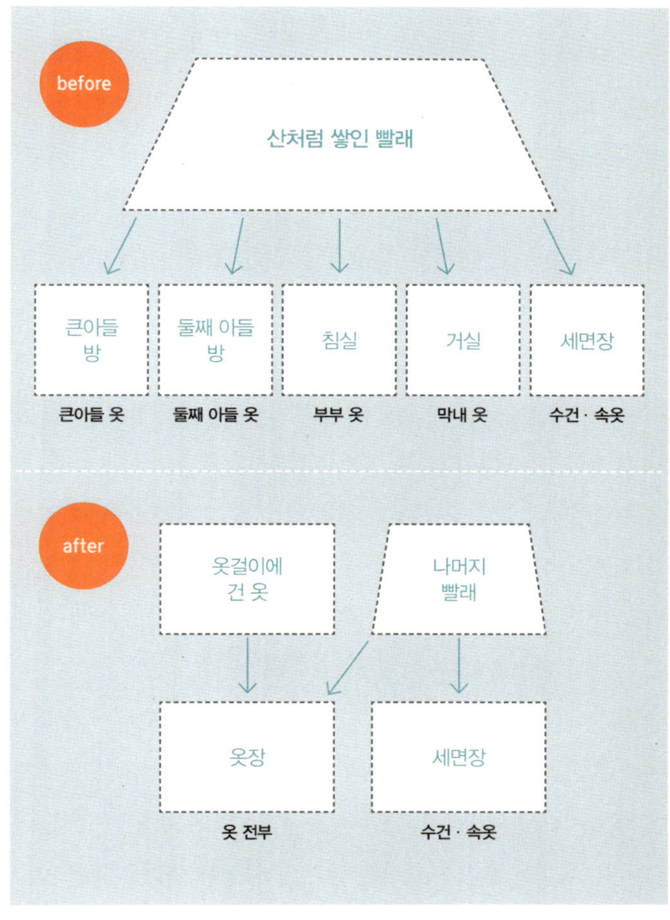

양말, 속옷, 수건은 개지 않는다

빨래를 깔끔하게 개면 확실히 예쁜 데다 수납공간도 덜 차지합니다. 하지만 그 시간을 절약하고 싶어서 속옷은 개인별로 작은 상자를 만들어 둥글게 말아 넣습니다. 양말도 짝을 맞춰서 둥글게 말기만 합니다. 이렇게 하면 양말의 고무 밴드가 늘어나서 좋지 않다고들 하지만, 우리 집 양말들은 밴드가 늘어나기도 전에 구멍이 뚫리므로 특별히 문제 될 게 없습니다.

양말과 속옷 수는 가족마다 각자 3~4개씩이므로 사용 중인 것을 제외하면 수납 장소에 있는 건 2~3개. 그만큼 공간도 별로 차지하지 않습니다.

수건 역시 개지 않습니다. 저는 주로 오전에 빨래를 하고 넙니다. 아침잠이 많아서 밤에 세탁해서 널고 싶지만, 남편과 큰 아들의 귀가가 늦고 밤늦게 목욕할 때도 있어서 그 후에 빨래를 하기는 어렵습니다.

예전에는 바쁜 아침에 여기저기 있는 수건을 모아서 세탁기 안에 집어넣었습니다. 세탁해서 말린 수건은 빨래를 걷을 때 개어 놓았지요. 하지만 지금은 걷은 수건을 바로 쓰던 수건과 바꿉니다. 사용한 수건을 모으는 동시에 세탁한 수건을 개지 않고 그대로 교환하는 것이지요. 사용한 수건은 세탁기에 넣습니다. 젖은 수건은 곰팡이가 피지 않을까 걱정되지만, 뒤에서 설명할 과탄산나트륨(=탄소계 표백제, 별칭 과탄산소다) 덕분에 곰팡이가 신경 쓰이지 않습니다. 수건을 거는 수고가 들지만, 빨래 개기를 싫어하는 저에게는 거는 수고보다 개는 수고가 더 부담스럽습니다. 수건은 걸려 있든지 세탁 중이든지 둘 중 하나인 상태이니 수납공간이 작아도 됩니다.

계절 외의 옷과 소품은 서랍에 수납

옷장 행거 아래 빈 공간에는 정리 수납함인 핏츠 서랍을 놓았습니다. 여기에는 계절 외의 옷이나 소품, 리넨 등을 수납합니다. 둘째 아들 방이 바로 옆이어서 둘째 아들 전용인 서랍도 몇 개 있습니다.

옷은 '걸기', '꺼내기'가 쉽도록 여유 있게 수납합니다. 이를 위해 지금 계절에 맞는 옷만 걸어 놓습니다. 계절이 끝난 뒤 옷장을 정리할 때면 옷을 정리하는 기회로 삼습니다. 옷이 많았을 때는 옷장 정리가 귀찮았지만, 지금은 옷이 적고 계절 외의 옷도 같은 공간에서 관리하기 때문에 그리 수고스럽지 않습니다.

아이들도 가능한 빨래, 수납

집안일은 가족 모두의 일이라고 평소 생각합니다. 세탁 역시 온 가족이 함께할 수 있도록 가족에게 세탁할 때 유의 사항이나 규칙들에 대해 자세히 일러둡니다.

뺄 옷은 여기에 넣어 모은다, 걷은 빨래는 그날 안에 자신의 공간에 수납한다 등 어린아이도 가능하도록 빨래하는 동선과 방법을 최대한 간결하면서 구체적으로 알려 줍니다.

걸어서 수납하는 형태로 바꾼 뒤로 막내도 다섯 살 때부터 옷장 정리 외의 빨래 관리는 스스로 할 수 있게 되었습니다. 물론 막내 옷을 빠는 건 제 몫이지만, 빨래를 걷은 다음부터 골라 입기까지는 전부 막내 혼자서 해냅니다.

빨래가 보다 간결해지는 방법

뒤집어 벗은 빨래는 그대로 세탁한다

뒤집어 벗어 놓은 빨래처럼 세탁할 때 성가신 것도 없습니다. 매번 아이들과 남편에게 옷을 뒤집어 벗어 두지 않도록 주의를 줍니다. 하지만 말처럼 잘되지 않는 모양입니다. 특히 땀을 흘렸을 때는 꼭 뒤집어 벗어 놓곤 합니다. 그럴 때면 저는 그대로 빨아 버립니다. 그리고 그 상태 그대로 옷걸이에 걸어서 말린 다음 행거에 갖다 둡니다. 입을 때 알아서 스스로 뒤집어 입으라고요.

매트는 사용하지 않는다

친정에서 당연하게 사용하던 목욕 매트, 부엌 매트, 현관 매트, 변기 매트, 두꺼워서 세탁하기 번거롭고 말리기도 힘든 데다 금방 더러워지지요.

우선 현관 매트와 부엌 매트를 치웠습니다. 부엌에 떨어진 물은 그때그때 닦아 냅니다. 목욕 매트는 쓰지 않게 된 얇은 목욕 타월을 두 번 접어서 대용합니다. 잘 마르므로 매일 다른 빨래와 함께 빱니다. 마지막까지 사용하던 변기 매트는 막내가 다

섯 살이 되어서 화장실 바닥을 더럽히는 빈도가 줄어든 뒤부터
깔지 않습니다. 덕분에 매일 하는 화장실 바닥 청소가 훨씬 편
해졌습니다.

목욕 타월은 사용하지 않는다

목욕 타월은 따로 사용하지 않고 수건을 씁니다. 하루에 쓰
는 수건의 양은 남편이 2장, 큰아들과 저는 각각 1.5장(이틀에
3장), 둘째 아들과 막내는 각각 1장이어서 합치면 7장입니다.
세탁 중인 수건 7장, 말리는 수건 7장, 예비 수건 1장 이렇게 총
15장이 우리 집 수건의 전부입니다. 목욕 타월의 무게는 수건
의 5장에 해당하므로, 목욕 타월을 수건으로 바꾸기만 해도 세
탁 양이 훨씬 가벼워집니다.

'입으면 빤다'는 관점을 바꾼다

저는 결혼 전까지 수건은 이틀에 한 번, 속옷 이외의 옷은 땀
을 흘리거나 더러워지지 않으면 이틀에 한 번꼴로 빨았습니다.
그래서 결혼 후 남편이 한 번이라도 몸에 걸친 옷을 모두 세탁
하려 할 때 놀랐습니다.

물론 사람에 따라 옷이 더러워지는 상태가 다르므로 매일

빨아야 하는 사람도 있겠지요. 남편은 일단 입었으면 세탁한다는 타입이어서 저도 남편에게 동화되어 제 옷도 매일 빨게 되었습니다.

하지만 가족이 늘고 빨래가 너무 많아져서 금세 더러워지는 남편과 아이들 옷은 매일 빨지만, 제 옷만은 '입으면 빤다'가 아니라 '더러워지면 빤다'로 세탁 빈도를 재조정했습니다. 그랬더니 옷의 탈색이나 손상도 예전보다 줄어서 소중한 옷을 보다 오래 입을 수 있게 되었습니다.

원피스보다 상하가 별개인 옷을 선택한다

원래 저는 한 벌만 입어도 스타일이 살아나는 원피스를 좋아했습니다. 결혼 전에 갖고 있던 옷을 줄일 때도 옷수를 가급적 많이 줄일 수 있도록 상하 별개인 옷(2 아이템)보다 원피스(1 아이템)를 택했지요. 그런데 여름에는 상반신에 땀이 많이 납니다. 상의는 하루에 두 번도 더 갈아입고 싶지만, 하의는 매일 빨 필요가 없을 때도 있지요. 특히 하의는 상의보다 부피가 커서 세탁 양을 줄이기 위해서라도 상의와 하의가 따로따로인 옷을 많이 입게 되었습니다.

냉증 방지에는 레그워머를 활용

예전에 냉증을 예방하기 위해 양말을 몇 겹씩 신었을 때는 제가 신는 양말만 하루에 4켤레였습니다. 그동안 하반신 근육을 단련하고 발가락 끝을 움직여 몸을 따뜻하게 한 덕에 냉증이 제법 호전되었습니다. 덕분에 한겨울에도 실크 소재로 된 발가락 양말과 울로 된 덧버선만 신어도 충분합니다. 흔히들 하는 냉증 예방법과는 좀 다르지만 몸을 따뜻하게 하는 데 꽤 효과가 있습니다. 덧버섯은 외출할 때는 신지 않으므로 세탁은 1주일에 한 번 정도. 양말을 겹쳐 신지 않게 되면서부터 빨래가 줄었습니다.

레그워머도 빨래를 줄이는 데 큰 역할을 합니다. 레깅스나 타이츠보다 길이가 짧으므로 바깥 온도에 따라 적합하게 조절하기 쉬울 뿐 아니라, 양말처럼 빨리 닳지도 않아서 오래 신을 수 있습니다.

과탄산나트륨만으로 세탁

흙 묻은 옷은 애벌빨래를 합니다. 이때 고체 순비누를 사용하는 것 외에는 저희 집 세탁 세제는 오직 과탄산나트륨뿐입니다. 과탄산나트륨은 여기저기 두루 사용할 수 있기 때문에 여러 종류의 전용 세제를 살 필요가 없어져 재고 관리도 심플합니다. 착각하여 많이 사놓거나 하는 일도 없어졌지요.

과탄산나트륨은 표백, 냄새 제거, 세균 제거 작용을 해서 탄소계 표백제의 기본 재료로 쓰입니다. 표백제나 세제로 사용할 뿐 아니라 파이프 클리너, 세탁조 클리너, 식기세척기용 세재 등 다용도로 사용합니다. 화학 반응 후에는 탄산소다와 산소, 물로 분해되므로 환경에도 큰 부담을 주지 않습니다.

순비누란 지방산나트륨, 지방산칼륨이 98% 이상인 비누입니다. 세탁, 샤워, 세수, 설거지, 유니폼 등 찌든 때의 부분 세탁, 아이들 머리를 감길 때, 그리고 원목 마루와 비누 마감을 한 원목 가구를 손질할 때도 사용합니다. 건조함이 신경 쓰이는 겨울에는 목욕할 때 가끔 올리브 비누를 사용할 때도 있습니다.

합성 세제는 큰아들이 아토피가 생긴 16년 전부터 쓰지 않습니다. 가루비누나 액체비누를 써서 10년 정도 세탁을 해왔는

데, 거품 내기가 귀찮고 새하얘지지도 않으며 수건은 점점 분홍색으로 변색되고 비누 냄새도 고민거리였습니다.

비누로 빨면 빤 직후에는 매우 은은한 향이 나지만, 계절이 지나서 옷을 꺼내 보면 지방 냄새가 나고 하얀 블라우스가 노래져서 곤욕이었습니다. 운동회 때 아이들의 체육복을 비교해 봐도, 다른 아이들이 입은 건 새하얗게 빛나는데 우리 아이는 그냥 하얄 뿐이었죠. 형광제가 들어 있지 않아서 누렇게 보이기까지 했습니다.

과탄산나트륨은 그런 비누 세탁의 고민을 단번에 해결해 준 구세주입니다. 빨래할 때 세제나 액체비누 대신 과탄산나트륨을 사용합니다. 단순 세탁뿐 아니라 살균, 표백도 되므로 실내에서 말려도 냄새가 전혀 나지 않습니다.

비누를 쓸 때 귀찮았던 거품 내기, 합성 세제를 사용하여 거칠어지는 피부, 액체세제로 빨면 변색되던 수건, 잡균 번식 등 모든 문제가 해결되었습니다. 세탁조와 먼지 거름망에도 곰팡이가 끼지 않으며, 수건을 빨면 새하얘집니다.

과탄산나트륨으로 세탁하는 방법

40도 이상의 물에 빨래를 15분 정도 담가 놓습니다. 마찰로 때를 벗기는 게 아니라 화학 반응에 의해 오염이 제거되므로, 담가 놓으면 빠는 데는 시간이 별로 걸리지 않습니다. 빨래를 문지를 필요가 없기 때문에 옷이 손상될 걱정도 줄어들지요. 행구기도 한 번에 끝나니까 물도 절약할 수 있습니다.

1. 애벌빨래 : 진흙 같은 오염 물질이 묻었을 때 고체 순비누로 빨아 대강 헹굽니다.
2. 과탄산나트륨을 풀기 : 빨래와 과탄산나트륨을 세탁기에 넣어서 40도 이상의 물로 3분 돌립니다.
3. 담가 놓기 : 15분
4. 세탁 : 5분
5. 행구기 : 1회

과탄산나트륨으로 빨 수 없는 것

천연 염색한 소재의 옷, 실크나 울 등 단백질을 주성분으로 하는 섬유, 금속 버클이나 단추 등은 변질되는 경우가 있다고 합니다. 청바지는 물이 빠질 수 있습니다. 반드시 단독으로 테

스트 해보고 사용해야 하지요.

　제가 애용하는 실크나 울 속옷은 변질될 각오를 하고 과탄산나트륨으로 세탁하고 있습니다. 또한 평소 자주 입는 옷이 전부 천연 소재지만 특별한 문제없이 세탁합니다. 세탁기에 연결된 수도꼭지로 더운 물을 공급할 수 없다면, 샤워기로 뜨거운 물을 받아 쓰는 방법이 있습니다. 저희 집에서는 양동이에 뜨거운 물을 담아 펌프로 퍼올려 씁니다.

상단 왼쪽 우리 집에 있는 세제와 비누류는 이게 전부. 세탁할 때 과탄산나트륨을 사용한다. 고체 순비누는 손빨래를 할 때도, 몸을 닦을 때도, 머리를 감을 때도 사용한다. 탄산소다는 물에 녹여서 병에 넣고 가스레인지 기름때를 닦을 때, 물에 희석한 식초는 화장실 청소에 사용한다.

상단 오른쪽 세탁기에 급탕용 수도꼭지가 없을 때는 샤워기로 양동이에 물을 담아서 펌프로 급탕하면 좋다.

하단 접을 수 있는 다리미대를 사용한다. 수납공간을 차지하지 않으며, 뜨거운 다리미도 바로 수납할 수 있다. 다이닝룸에서 다림질을 하므로 손에 금방 닿을 수 있도록 거실의 등나무 바구니에 수납한다.

세탁조의 검은 곰팡이여 안녕

과탄산나트륨은 세탁조 곰팡이 제거제의 기본 재료로도 사용됩니다. 세탁할 때마다 세탁조를 청소하므로 미역 같은 검은 곰팡이가 생기지 않습니다.

세탁조의 곰팡이 제거 방법

과탄산나트륨으로 세탁을 시작하기 전에 우선 세탁조를 청소해 주세요. 그러지 않으면 곰팡이 제거제 기능도 하는 과탄산나트륨의 작용으로 쌓여 있던 세탁조의 이물질이 빨래에 들러붙고 맙니다.

1. 세탁조에 50~60도의 따뜻한 물을 가장 높은 수위까지 채웁니다. 세탁조의 내열 온도를 확인하여 그 이상이 되지 않도록 합니다.
2. 과탄산나트륨을 '물 10l : 100g'의 비율로 넣습니다. 5분 정도 세탁 코스로 돌린 후 2시간 정도 방치.
3. 과탄산나트륨의 작용으로 곰팡이를 포함한 먼지가 떠오르면 거름망이나 체 등으로 퍼냅니다.

4. 다시 세탁 코스로 5분 정도 돌립니다. 다시 먼지를 퍼냅
   니다.

5. 헹구기와 탈수를 합니다. 먼지 거름망의 먼지를 제거합니
   다. 한 번에 다 제거하지 못했을 때는 헹구기와 탈수를 몇
   차례 반복합니다.

바닥에 놓인 물건이 없을수록, 집 안의 물건이 적을수록
청소가 한결 편해집니다. 5인 가족이 살아도,
언제나 집 안의 청결을 유지할 수 있습니다.

물건도 먼지도 쌓지 않는 생활

간결한 살림을 시작한 후부터 생활에 플러스가 되는 건 모으고, 마이너스가 되는 건 모으지 않으려 합니다. 너무나 당연한 이야기지요.

예를 들어 이런 식입니다. 집안일 중에서 먹을거리를 만들어 두는 게 플러스라면, 먼지가 쌓이는 건 마이너스라고 생각하는 것입니다. 또 처리해야 할 일을 미루지 않으며 쌓아 두지 않으려고 합니다. 그럴수록 집안일이 편해지지요. 이를 위해 지키는 것 중 하나가 물건마다 지정석을 정하는 것입니다. 그리고 사용 후에는 꼭 원래 있던 장소에 되돌려 두는 걸 원칙으로 하고 있습니다. 이렇게 해놓으면 갑작스러운 지인의 방문에도 의연하게 대처할 수 있습니다. 조금 지저분하게 꺼내져 있어도 제자리를 찾아 정리하는 데 5분이면 충분하지요.

또 장식은 최소한으로 합니다. 다다미방에는 아무것도 깔지 않아도 기분이 좋습니다. 최근에는 화지(和紙, 일본의 전통 종이-옮긴이) 다다미, 가장자리가 없는 다다미 등 모던하면서 세련된 방에 어울리는 다다미가 늘었습니다. 마루 위에 얹기만 하면 되는 다다미도 값이 저렴해서 인기입니다. 천연 등심초를 사용한 다다미에서는 좋은 향기가 납니다.

조금 추울 때는 사람이 있는 곳에만 작은 무릎 담요를 깔면 되므로 클리닝하기 귀찮은 러그는 필요 없습니다. 무릎 담요는 좌식 의자에 앉을 때는 덮으면 되고, 집 안 어디든 갖고 다니며 쓸 수 있어 참 좋습니다.

사랑하는 가족들과 있으면 잡화도 필요 없습니다. 장식은 최소한으로 합니다.

빛과 그림자도 예술. 물건이 많을 때는 깨닫지 못했다.

제일 싫은 청소

간결한 살림을 시작하기 전에는 빨래 개기만큼 싫은 게 청소였습니다. 싫어하는 게 참 많은 주부지요. 청소기를 돌리려고 해도 우선 정리를 해야 합니다. 바닥에 굴러다니는 아이들 장난감부터 소파 위에 널부러져 있는 옷들은 청소기를 돌리기 위해 넘어야 할 첫 번째 장애물이었습니다.

소파나 쿠션 사이에 끼어 있는 아이들 장난감을 꺼내고, 쿠션의 먼지를 털어 낸 후 소파 위를 청소기로 돌립니다. 다시 몸을 구부려서 소파 밑을 청소합니다. 깨끗한 소파를 유지하기 위해서는 매번 이런 작업을 반복해야 했지요. 세탁 가능한 소파 커버를 산 것은 현명한 선택이었지만, 아이들이 더럽히고 나면 커버를 빨아야 하는 상황이 무한 반복되었습니다.

가구 틈새나 뒤쪽은 먼지가 쉽게 쌓입니다. 아이들이 어린 데다 회사를 다니느라 기진맥진한 평일에는 거기까지 청소하기란 무리입니다. 먼지는 피해 다니면 돼, 먼지 정도로 죽지 않아 하며 농담 섞인 변명을 하면서도 가구 틈새에 쌓이는 먼지가 항상 신경 쓰였습니다. 대청소를 할 때 보면, 가구 뒤쪽은 말도 못하게 더러웠습니다.

멋진 인테리어를 꿈꾸며 잡화나 관엽 식물로 집을 장식해도 손질하지 못했습니다. 아무리 예쁜 잡화일지라도 먼지투성이라면, 싱그러운 식물일지라도 말라 죽어 간다면 차라리 없는 편이 낫습니다.

정리부터 시작하지 않아도 되는 청소

언제나 정리부터 한 뒤 시작했던 청소, 하지만 물건이 줄어들자 기본적으로 방이 별로 어지럽혀지지 않았습니다. 뿐만 아니라 청소기를 돌리기 전 물건을 제자리에 놓고 정리하는 시간이 훨씬 줄어들었지요. 모든 물건마다 지정석이 확실하니 가족 모두가 헤매지 않고 사용 후에는 제자리에 돌려놓은 덕분도 큽니다.

간결한 살림인지라 청소하는 절대 면적이 줄어든 것도 청소 시간을 단축시켜 주었습니다. 당연한 이야기겠지만, 청소기를 돌리는 면적이 좁아졌습니다.

또 바닥에 두는 가구들이 없으니, 가구 뒤나 틈새를 청소하느라 더 이상 애먹지 않아도 되었지요. 우리 집은 절대 바닥에 물건을 두지 않습니다. 홈센터(주거 생활에 관련된 모든 상품을 취급하는 쇼핑몰-옮긴이)에서 파는 철물과 목재로 조립해 만든 선반을 주로 애용하는데, 전화기 모뎀 상자부터 양동이, 체중계 등 모두 선반에 수납합니다. 세면대 아래에도 선반을 매달았습니다.

청소가 눈 깜짝할 사이에 끝나 버리니 요즘에는 지금 얼른 해버릴까 하고 생각할 정도로 청소하기까지의 심리적 장벽이 낮아졌습니다. 청소하고 나서의 집 안도 어수선하게 물건이 있던 시절보다 훨씬 깔끔하게 느껴지고요. 청소한 뒤의 상쾌함이 크게 다릅니다. 성과가 두드러지게 느껴지니 청소할 때 좀 더 동기 부여가 됩니다.

그래서인지 최근에는 그렇게만 싫던 청소도 꽤 할 만하다는 생각이 조금씩 들기 시작했습니다. 특히 걸레질을 하고 나면 뭔가 정신적으로 좋은 영향을 받는 듯한 느낌이 듭니다. 손을 움직여 걸레질을 하고 나면 마음까지 정화되는 듯한 기분이 들거든요. 절에서 수행할 때 청소를 중시하는 이유를 알 것만 같습니다.

청소를 싫어하면서도 이미 많은 사람이 쓰고 있는 로봇청소기 구입을 주저하는 이유는 스스로 청소한 뒤에 맛보는 이 쾌감을 잃기 싫어서일지도 모릅니다.

세면대. 청소하기 쉽도록 바닥에 물건을 두지 않는다.

기분 좋게 맞이하는 아침저녁

회사에서 돌아왔을 때 집이 지저분하면 마음이 심난해집니다. 아침에도 마찬가지지요. 그래서 전 조금 귀찮더라도 자기 전과 출근 전 거실과 식탁을 한 번씩 정돈합니다. 아침에 일어나자마자 기분 좋게 지낼 수 있도록요. 그리고 귀가 후 긴장을 풀 수 있도록요. 매일 아침저녁에 하는 일과인 만큼 시간이 몇 분 걸리지 않습니다. 청소를 그토록 싫어하는 제가 부담 없이 지속할 수 있는 이유지요.

 신발장 위에 계절감을 살린 작은 장식을. 액자에 넣은 엽서는 청소하기도 쉽고
수납공간도 차지하지 않는다.
 청소하기 쉬운 방. 과일과 채소도 오브제로.

어지럽혀 있어도 좋은 아이 공간

어린아이들 방은 거실이나 부엌과 떨어져 있으면 장난감 방이 되기 십상이지요. 예전에는 아이들 방이 2층에 있었습니다. 아이들은 방에서 오래 놀지 않았습니다. 자신들의 방에서 신나게 놀고 난 뒤에는 꼭 가족이 있는 1층 거실로 장난감을 가지고 왔습니다. 아이들 방은 방대로 장난감이 흩어져 있었고, 거실은 거실대로 장난감과 그림책이 쌓여 갔지요.

결국 아이들 방은 거대한 장난감 방이 되어 정리하기도 관리하기도 너무 힘들었습니다. 이사하면서 지금 사는 곳에는 거실 바로 옆에 막내 전용 공간을 만들었습니다.

어린아이의 놀이는 연속되지요. 놀이를 중단시키고 싶지 않아서 그때마다 정리하게 하지는 않습니다. 하루에 두 차례 처음처럼 정돈하는 공용 공간과는 달리, 막내 전용 공간에는 장난감을 꺼내 둔 채 있어도 괜찮습니다. 계속해서 갖고 놀고 싶은 장난감은 전용 공간에서 꺼내어 놀거나, 거실에서 갖고 놀더라도 저녁에는 전용 공간으로 옮기게 합니다. 주말에 정성들여 청소할 때는 모두 정리하여 제자리에 가져다 두도록 약속하고요. 제가 청소할 때 막내에게도 스스로 정리하게 합니다.

상단 막내 전용 공간. 장난감이나 그림책은 여기에만 수납. 침실 옆에 붙어 있어서 자기 전에 책을 읽어 줄 때도 곧바로 책을 꺼내고 넣을 수 있다. 거실과 다이닝룸에서는 사각지대여서 어수선한 상태가 잘 안 보이는 점이 마음에 든다.
하단 올봄부터 초등학생이 된 막내의 책상은 내가 중학생 때부터 사용한 빈티지 책상. 가끔 그림 그릴 때 쓰는 정도여서 고학년까지 책상의 필요성을 못 느낀다.

필요 없는 것만 줄여도 가벼워진다

소모품은 종류를 적게

세제는 탄산소다, 과탄산나트륨, 액체비누, 고체비누뿐입니다. 종류가 적으면 재고 관리가 간단하므로 수납공간이 작아도 됩니다. 이 세제들로 몸, 얼굴, 옷, 머리, 방, 식기, 세탁조 모두 깨끗이 관리합니다.

떨어지는 걸 신경 써야 할 아이템이 적기 때문에 집에 있는 걸 깜빡 잊고 또 사는 경우도 없습니다. 수납은 세면장에 있는 바구니 하나면 충분합니다.

일상적인 아이템으로, 도구도 세제도 필요 없다

가장 깨끗하게 때를 없애는 방법은 강력한 세제로 빠는 게 아니라 되도록 빨리 더러워진 부분을 제거하는 것입니다. 기름때 역시 묻었을 때 바로 닦아 내면 전용 세제가 필요 없습니다.

제가 애용하는 가장 일상적인 청소 아이템은 손과 물과 온수와 해진 천입니다. 뭔가 묻은 직후에는 특별한 도구나 세제 없이도 깨끗하게 제거됩니다.

식기세척기용 세제는 불필요

과탄산나트륨은 식기 전용 세제 대신 쓸 수도 있습니다. 매일 균도 제거되어 식기가 반짝반짝합니다.

시판 중인 식기세척기용 세제를 썼을 때는 세척이 끝난 뒤 식기세척기 문을 열면 역한 냄새가 날 때가 있었는데, 과탄산나트륨을 쓰고부터는 그런 적이 전혀 없습니다. 게다가 시판 세재보다 값도 저렴하지요.

아크릴 수세미는 세제가 필요 없다

욕실이나 식기를 닦을 때는 아크릴 수세미를 사용합니다. 식기세척기를 함께 쓰고 있기도 하지만, 손으로 설거지할 때는 기본적으로 세제를 쓰지 않습니다.

욕실 배수구 뚜껑은 불필요

욕실 배수구 뚜껑은 새로 이사 올 때 없었습니다. 형태가 복잡한 배수구에 물때나 곰팡이가 끼지 않도록 손질하는 일은 귀찮지만, 그 작업을 게을리했을 때 벌어지는 청소의 번거로움을 상상하기만 해도 욕실 청소가 싫어집니다.

뚜껑이 없는 탓에 배수구가 그대로 보이지만, 청소는 쉬워졌습니다. 머리카락은 손으로 집어서 그때마다 버립니다. 1주일에 2~3번 아크릴 수세미로 문지르기만 하면 깨끗하게 유지됩니다. 쉽게 손질할 수 있으니 미끌미끌해지기 전에 청소하고 싶어집니다.

화장실에 필요한 것은 휴지뿐

5인 가족에 남자가 득실득실한 우리 집에서 화장실 청소는 소홀히 할 수 없습니다.

변기 청소는 부엌에서 쓰던 낡은 브러시로 문지르기만 하면 끝입니다. 변의 색깔이나 냄새는 건강의 바로미터지요. 변기물이 파래지는 세제나 방향제를 쓰면 소변 색이나 냄새를 알 수 없으므로 사용하지 않습니다.

변기 주변은 식초 물을 넣은 스프레이를 뿌려서 휴지로 닦습니다. 신경 쓰이는 곳이 있으면 하루에 몇 번이든 청소. 스프레이는 바닥에 두면 청소할 때 걸리적거리므로 보이지 않는 곳에 걸어 둡니다. 주말에는 좀 더 공들여 청소합니다. 일본은 화장실과 세견대가 분리되어 있어서 화장실 안에 손 씻는 작은 세면대가 따로 있거나 변기에 세면대가 딸려 있는데, 손 씻는 곳은 수건을 바꿀 때 세탁할 수건으로 닦습니다.

화장실의 소모품은 휴지뿐입니다. 두루마리 한 롤의 양이 많은 것을 써서 교환하거나 사러 가는 수고와 수납을 최소한으로 하고 있습니다.

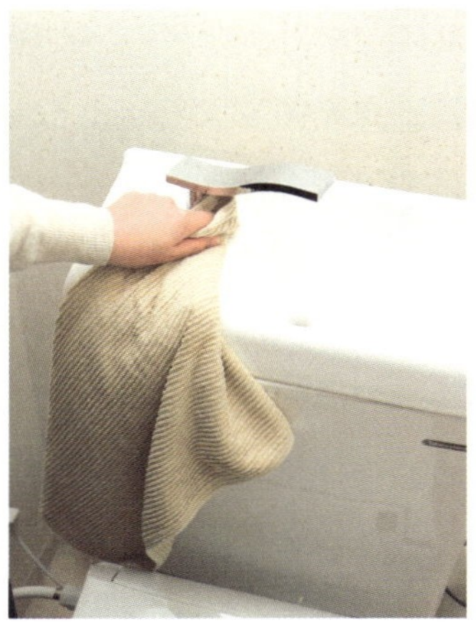

상단 왼쪽 가스레인지 주변은 기름이 튄 직후 해진 천에 온수를 적셔서 닦는다. 오염이 심할 때는 탄산소다수를 한 번 뿌려서 닦는다.

상단 오른쪽 화장실 청소는 손을 씻는 김에. 세면대를 손으로 문지르고 수건으로 싹 닦은 다음에 세탁한 수건으로 교환해 주면 끝.

하단 오른쪽 욕실 배수구에는 뚜껑을 덮지 않는다. 머리카락 등이 쌓이면 싹 집어서 버리면 되므로 청소도 훨씬 간편하다.

하단 왼쪽 싱크대도, 세면대도, 욕조도 아크릴 수세미로 문지르면 끝. 아크릴 수세미는 실 한 타래만 있으면 5개를 뜰 수 있다. 하나 뜨는 데 10분 정도. 욕조용은 조금 길게 이중으로 두툼하게 뜬다.

평일 10분 간단 청소

1. 화장실 3분

변기를 브러시로 문지릅니다. 더러운 곳은 휴지로 닦아 냅니다. 물에 식초를 옅게 탄 스프레이를 전체적으로 뿌린 뒤 변기부터 바닥까지 휴지로 닦습니다. 손 씻는 곳은 수건을 바꿀 때 세탁할 수건으로 닦습니다.

2. 세면대 2분

아크릴 수세미로 세면대와 배관 파이프를 문질러 닦습니다. 교환할 수건으로 세면대 주변에 튄 물을 닦아 냅니다. 세면대 주위뿐 아니라 세탁기 위와 선반 위도 함께 닦습니다. 거울은 목욕 후 뿌옇게 되었을 때 수건으로 닦습니다.

3. 청소기 5분

아이들 방, 침실, 복도, 옷장에 청소기를 돌립니다.

주말 80분 공들인 청소

1. 거실 청소 30분

▶ 정리, 먼지 털기 10분 : 어질러 있는 물건을 제자리에 놓고, 바닥에 놓여 있는 것들을 치웁니다. 먼지떨이로 먼지를 텁니다.

▶ 청소기 10분 : 평일보다 공들여 청소기를 돌립니다. 움직이는 작은 가구 뒤에도 청소기를 돌립니다.

▶ 걸레질 10분 : 천연 왁스인 아우로로 나무로 된 부분을 닦습니다. TV처럼 나무가 아닌 부분은 물걸레로 닦습니다.

2. 부엌 청소 30분

▶ 부품 해체 5분 : 싱크대에 뜨거운 물을 받아 탄산소다를 푼 뒤 가스레인지 그릴과 환기구 필터 등의 부품을 해체하여 담가 놓습니다.

▶ 걸레질 15분 : 부엌문, 냉장고 안과 밖, 냉장고 위, 환기구 필터 내부 등을 뜨거운 물로 닦습니다. 심하게 더러운 부분은 탄산소다를 물에 녹여 스프레이로 뿌리고 해진 천으로 닦습니다.

▶ 부품 씻기 10분 : 부품을 씻어서 원래 자리에 조립합니다. 탄산소다를 푼 뜨거운 물속에서 손잡이가 달린 브러시로 문지르면 찌든 때가 대부분 스르르 떨어집니다. 싱크대를 청소합니다. 사용한 행주와 식기용 아크릴 수세미는 과탄산나트륨을 푼 뜨거운 물에 담가 놓습니다.

3. 그 밖의 청소 20분

▶ 화장실 청소 5분 : 많이 더러운 부분은 우선 휴지로 닦아 냅니다. 변기를 브러시로 문지릅니다. 변기 전체에 구연산 스프레이를 뿌리고 걸레로 닦습니다. 비데도 분리하여 안까지 닦습니다. 번거로울 것 같지만 1분이면 됩니다. 바닥을 물걸레질합니다.

▶ 도구 손질 5분 : 청소에 쓴 걸레, 먼지떨이 등을 세탁합니다. 이때 아이들 실내화도 함께 빱니다. 실내화를 빤 브러시로 세면대의 배관 파이프를 닦습니다. 청소기에 쌓인 먼지를 버립니다.

▶ 세면대 5분 : 칫솔 스탠드와 컵을 문질러 닦습니다. 아크릴 수세미로 세면대를 청소합니다. 세제는 사용하지 않습니다.

▶ 현관 5분 : 빗자루로 휙휙 쓸어 냅니다.

　이상의 청소 작업들은 잘게 나누어서 쉬엄쉬엄 커피를 마시며 쉬기도 하고 아이들을 상대해 주면서 합니다. 버릇처럼 하게 되면 생각하지 않고도 할 수 있습니다. 도구를 꺼내고 넣는 시간도 잊지 말고 작업 시간에 포함시켜야 합니다.

물건을 줄이자 돈에도 시간에도

여유가 생겼습니다.

그렇게 얻은 여유는 진정으로

하고 싶은 일에만 씁니다.

지금 제가 가장 하고 싶은 건

'아이들과 마음껏 충분히 지내기'입니다.

간결한 살림으로 얻은

여유, 풍족함, 자유

아이와 '지금'을 맛보다

아이와 보낼 수 있는 시간은 불과 몇 년

아이를 키우는 엄마들은 혼자만의 시간을 절실하게 희망하지요.

저는 큰아들이 태어난 후부터 16년간 잠을 잘 때면 언제나 제 옆에 자그마한 아이가 있었습니다. 24시간 수유를 하고, 아이의 발길질에 차이기도 하고, 이불은 제대로 덮었는지 신경 쓰느라 밤에도 느긋하게 쉬지 못했습니다. 친정 부모님은 멀리 사시고, 남편은 일이 바쁘고. 아이들을 맡길 곳이 없으니 출근 외에 혼자 외출하는 건 꿈도 못 꿨지요.

하지만 아이들과 보낼 수 있는 시간은 불과 몇 년에 불과합니다. 이것저것 다 충족시키려고 허덕이기보다 조금 여유를 갖고 아이들의 성장을 지켜보고 싶습니다. 혼자만의 시간은 미래의 즐거움으로 남겨 두고자 합니다.

남편과 조부모의 육아 참여 여부, 자녀의 수, 그리고 개인의 능력과 역량에 따라 다르긴 하지만, 풀타임으로 근무하면서 집안일도 제대로 해내는 사람을 보면 정말 존경스럽습니다. 저는 둘째가 태어났을 때 제 역량을 넘어섰다고 느꼈습니다. 그래서 사회와의 접점은 유지하면서도 일하는 시간은 줄이는 방법을 택했습니다. 수입은 크게 줄었지만, 근무 시간이 2시간 짧아지면서 그만큼 집에서의 생활이 풍요로워졌습니다.

아이와 보내는 평일의 시간

출근 전 짬을 내어 혹은 오후에 잠깐 저녁 먹은 뒤 얼마 안 되는 시간이지만 아이와 공원을 찾습니다. 초등학교 저학년까지만 가능한 시간이므로 이제 그 마지막을 즐기고 있는 셈이지요. 저녁 식사 후 아이가 뛰거나 캐치볼 하는 모습을 지켜보면 왠지 모르게 뭉클합니다. 또 아이들과 함께 과자나 요리 만들기도 즐깁니다. 쿠키를 만들면 아주 좋아하지요. 저는 아이들이 만 2세가 되었을 때부터 칼을 만지게 했습니다. 덕분일까요. 어버이날이나 우리들의 생일에는 아이들이 밥을 차려 줍니다.

때때로 아이들의 공부를 집에서 봐줍니다. 중학교 입시는 별로 고려하고 있지 않기 때문에 집에서 봐주고 있습니다. 막내의 교재는 형이 쓰던 교과서나 카드, 학교 교재로 쓰던 산수 세트입니다.

무료로 영어 교실을 열곤 합니다. 둘째 아들의 친구를 집으로 불러서 무료 영어 교실을 엽니다. 교재는 NHK 라디오 기초 영어. 아이 혼자서 하면 지속하기 어렵지만, 친구들과 함께하니 즐겁게 배웁니다. 자기 전에 그림책을 읽어 주는 건 아이들을 위해서라기보다 제 즐거움이지요.

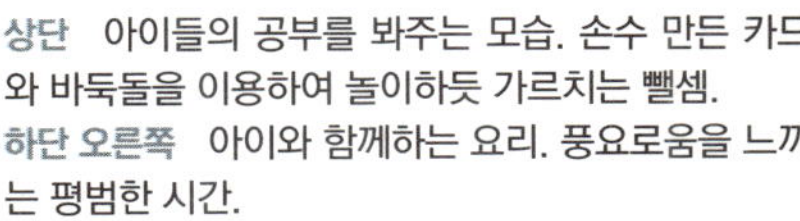

상단 아이들의 공부를 봐주는 모습. 손수 만든 카드
와 바둑돌을 이용하여 놀이하듯 가르치는 뺄셈.
하단 오른쪽 아이와 함께하는 요리. 풍요로움을 느끼
는 평범한 시간.
하단 왼쪽 공원에서 아이들이 노는 모습을 지켜본다.

여유를 맛보는 '집밥'

안심할 수 있는 안전한 식품을 사서 손수 만든다

불필요한 물건을 버리고 심플하게 생활하지만, 먹는 걸 소홀히 하지는 않습니다. 식품의 안전성이 위협받는 요즘은 더더욱 식사를 준비할 때 먹을 가족을 생각하여 신중을 기합니다.

깔끔하게 정돈된 집에서 식사하는 편이 외식할 때보다 한결 마음이 놓입니다. 집에서 좋은 재료를 사용하면, 간단한 조리로도 재료 본연의 맛을 살린 담백한 맛을 즐길 수 있습니다. 집에서 하는 식사는 삶의 원천이며, 아이들을 튼튼하게 자라게 하고, 마음의 양식이 된다고 믿고 있습니다.

간결한 살림으로 얻은 시간과 돈의 여유는 다소 비싸더라도 안전하고 안심할 수 있는 재료를 고집하는 데 사용합니다. 첨가물이 신경 쓰이는 가공식품은 되도록 사지 않고 손수 만들어 먹습니다.

아이들이 태어난 해에 담근 매실주. 스무 살이 되어 개봉할 날이 기다려진다.

왼쪽　과자를 만들 때 쓰는 도구 전부. 케이크를 만들 때도 특별한 도구는 사용하지 않는다.
오른쪽　밀가루를 섞기만 하면 되는 간단한 케이크 레시피로, 회사에 가지 않는 날에 만든다. 커팅 보드에 썰어서 그대로 낸다.

식재료를 고를 때 고집하는 부분

재료가 심플한가?

맛과 식감을 속이기 위한 쓸데없는 첨가물이 되도록 적은 것을 선호합니다. 본 적도 없는 재료나 정체를 알 수 없는 표기가 섞여 있는 것은 피합니다.

전통적인 제조법으로 만든 것

된장, 간장, 식초, 미림 등은 제조법에 따라 맛에 큰 차이가 납니다. 전통적인 제조법으로 만들어진 것을 사용합니다.

감성을 중시한다

귤 통조림에 들어가는 귤의 속껍질은 극약인 염산으로 벗기는데, 마지막에 알칼리 용액으로 중화하므로 재료에는 표시되지 않습니다. 속껍질을 벗기는 데 사용되는 이 염산은 위액의 성분이기도 합니다. '그 정도면 안전하니까 걱정 없다'고 느끼지면 먹고, '찜찜하다' 생각되면 먹기를 주저합니다. 중요한 점은 '이걸 입에 넣는 게 왠지 꺼림칙하다'고 느끼는 감성. 자연과 지나치게 동떨어진 '왠지 찜찜한' 먹을거리는 부러 섭취하지

않도록 합니다. 물론 가장 중요한 점은 '맛있다'고 느끼는 감각

이겠지요.

생산자가 확실한 재료

생산자를 응원하고 싶기 때문에 되도록 국산 식재료를 고릅

니다.

 첨가물이 신경 쓰이는 가공식품은 손수 만든다. 닭고기 햄(왼쪽)은 햄 대신, 홍차 돼지고기(오른쪽, 돼지고기 덩어리를 홍차 팩과 함께 삶아서 부드럽게 익힌 것-옮긴이)는 차슈(돼지고기를 간장 양념에 부드럽게 익혀 만든 것-옮긴이)로. 이 밖에 시오부타(돼지고기에 소금을 뿌려 덩어리째 숙성시킨 것-옮긴이)는 베이컨 대신.

 아이들이 먹는 과자는 원료를 보고 재료가 심플한 것을 고른다.

 전통적인 방법으로 만든 맛있는 조미료를 사용. 폰즈(감귤류 과즙으로 만든 조미료-옮긴이), 하포다시(조림용 육수-옮긴이), 만능 간장, 기초 드레싱. 수제 조미료는 서둘러 요리할 때 대활약한다.

'취향'을 우선하여 물건 고르기

사용할수록 기분이 좋아지는 물건

싸다는 이유만으로 물건을 사지 않습니다. 반대로 호화롭고 화려한 고가의 물건도 선택하지 않습니다. 오래도록 애착을 가질 수 있는 물건을 고릅니다.

'기분이 좋아진다', '정성스럽게 만들었다', '재료나 제조법을 알기 쉽다', '길들이는 사이 점점 더 아름다워진다'는 저만의 취향을 기준으로 하지요. 다음과 같은 물건에는 다소 비싸더라도 돈을 들입니다.

마음 편한 분위기를 자아내는 인테리어

집의 구입가를 낮춘 만큼 내장재는 예산 범위에서 좋아하는 소재로 했습니다. 벽지는 화지, 바닥은 화지 다다미와 편백나무 원목. 살아있는 생명의 기운이 느껴지는 소재에 둘러싸여 있노라면, 마치 보호를 받는 듯하여 안심이 됩니다. 천연 소재는 즐거울 때도 기쁠 때도 슬플 때도 쓸쓸할 때도 함께 있는 듯이 감싸 줍니다. 오래 써서 길들일수록 아름다워지는 천연 소재는 집을 고치거나 재건축할 때는 자연으로 돌아갑니다. 소재가 표정을 자아내기 때문에 장식품으로 집을 꾸미지 않아도 따뜻함이 느껴집니다.

원목 마루는 습기를 조절하는 효과가 있어서 장마철에도 맨발로 걸으면 기분이 매우 좋습니다.

천연 소재 잠옷, 속옷으로 릴랙스

잘 때 입는 옷은 상쾌함을 최우선으로 생각합니다. 속옷이나 잠옷, 실내복을 대충 입지 않습니다. 집에 있을 때도, 혼자일 때도, 좋아하지 않는 차림은 하지 않습니다. 스스로를 아끼는 우아한 속옷을 몸에 걸치기만 해도 마음속부터 편안해집니다.

정전기가 잘 이는 화학 섬유는 우리도 모르는 사이에 몸에

상단 공부용 책상은 '기타노스마이설계사'의 메이플 원목. 깔끔한 스타일로 불필요한 부분이 없는 간소한 디자인.
하단 식탁 의자는 한스 베그너의 'Y체어'. 명품 가구를 취급하는 중고 시장도 있으므로, 필요 없어지면 누군가에게 양도할 예정이다.

스트레스를 줍니다. 그래서 여름에는 리넨, 그 외의 계절에는 유기농 면 등 피부에 부드러운 천연 소재를 고릅니다. 화학 섬유와 비교하면 다소 비싸지만, 이것만큼은 작은 사치를 하자고 정했지요.

엄선한 천연 소재, 장인의 수제품, 정성스런 봉제. 슬로우 패션을 추구하면 의류에 대한 애착이 훨씬 높아집니다. 입을 때마다 제작에 얽힌 이야기를 느끼게 되므로 여유로운 마음이 생깁니다. 제게 가장 친근한 슬로우 패션은 어머니가 손수 만든 옷입니다.

좋아하는 천의 옷은 예쁜 부분을 리폼해서 마지막까지 사용합니다. 애용하는 레그워머는 낡은 스웨터의 소매 부분을 재활용한 것입니다. 얇기 때문에 빨아도 바로 마릅니다. 리폼이라고 해도 소매 부분을 몸통에서 분리했을 뿐입니다. 소매의 어깨 부분이 그대로 무릎을 커버합니다. 캐시미어나 울 100%인 옷은 정말 따뜻해서 다른 소재의 옷은 살 마음이 안 생깁니다.

 침대 시트를 재활용한 속옷 바지와 탱크톱. 유기농 면이어서 피부에 부드러운 '프리스틴'의 브래지어. 가슴을 확실히 잡아 주며, 피부가 약해서 땀을 흘리면 화학 섬유가 불쾌하게 느껴지는 내게 딱 안성맞춤이다.
 낡은 스웨터의 소매 부분을 재활용한 레그워머. 방한 아이템으로 애용하는데, 제 몫을 톡톡히 한다.

내 몸에 더욱 민감해지는 화장법

화장품 탓에 원래 있던 유분과 윤기가 사라진 다음부터는, 화장품이 아닌 피부 속 수분과 유분을 살려서 보습하는 우쓰기 식 스킨케어(성형외과 전문의이자 최고의 안티에이징 전문가로 손꼽히는 우쓰기 박사의 피부 관리법-편집자)를 실천하고 있습니다.

목욕을 할 때도 비누를 거의 사용하지 않고 따뜻한 물로 몸을 씻으면, 목욕 후 바디 크림이 전혀 필요 없습니다.

아침에는 물로만 세안. 저녁에는 메이크업을 지우기 위해 미지근한 물과 비누로 세안합니다. 건조함이 다소 신경 쓰일 때는 식용 참기름을 정제한 오일을 목욕 후에 조금 바를 뿐이지요.

머리도 따뜻한 물로만 감고 샴푸를 쓰지 않는 '노 샴푸'를 실천 중입니다. 처음에 시작한 직후에는 머리의 기름기가 신경 쓰였지만, 3주 정도 지난 뒤부터 괜찮아졌습니다.

얼굴에도 몸에도 아무것도 바르지 않는 생활을 시작하고 나서 그날그날 피부 상태가 다르다는 사실을 쉽게 깨닫게 되었습니다. 생리 전후나 밤샌 다음 날 얼굴빛이 안 좋으면 바로 알아차립니다. 피부가 건조하고 부분적으로 하얗게 일어나는 걸 느끼면, 하루 이틀 뒤 감기에 걸립니다. 아무것도 바르지 않으면 얼굴에 나타나는 몸의 컨디션을 민감하게 느낄 수 있습니다. 피부 컨디션이 좋지 않을 때는 몸이 보내는 신호를 놓치지 않고 우선 휴식을 취하도록 신경 씁니다.

화장품은 이것뿐. 몸의 유분을 살리기 위해 아무것도 바르지 않는 우쓰기식 스킨케어와 따뜻한 물로만 머리를 감는 '노 샴푸'를 실천.

마음의 여유와 자유

'항상 부족하다'에서 '충분한 여유'로

예전에는 집은 넓을수록 좋다고 생각했습니다. 돈은 인생의 전부가 아니라고 믿으면서도 얼마나 좋은 물건을 손에 넣느냐가 인생의 목적인 생활을 해왔지요. 마음에 구멍이 뚫려 있던 겁니다. 물건을 사면 살수록 집과 돈에 여유가 사라지고, 아무리 사도 마음은 충족되지 않았습니다.

물건이 많았을 때는 이렇듯 항상 무언가 부족하다고 느꼈습니다. 하지만 지금은 집이 가장 마음 편한 장소입니다. 언제나 쉽게 정리할 수 있는 기분 좋은 공간을 손에 넣었습니다. 방이 정리되어 있으면 안락함을 맛볼 수 있습니다. 그리고 매일 기분 좋게 지내는 시간이 늘어납니다. 마음이 편안해지는 집은 가족들이 집에 돌아와 에너지를 충전할 수 있고, 밖에서 불안한 일이 있어도 쉽게 마음의 평온함을 되찾을 수 있습니다.

필요한 물건만 남기고 이에 만족할 줄 알게 되면서 마음의 구멍이 메워졌습니다. 분수에 맞으며 부족하지도 남지도 않는 편안한 공간에서 충만함을 만끽하는 쾌적한 생활이 가능해졌습니다.

집의 크기와 물건을 맞바꿔서 마음의 여유를 손에 넣게 된 것이지요.

물건과 돈에 얽매이지 않는 자유

물건을 줄여서 필요한 걸 엄선하다 보니 신기하게도 물욕이 줄어들었습니다. 물욕의 상한선을 알게 되고, 살아가는 데 필요한 물건이 많지 않다는 사실을 깨달았습니다. 이제 물건을 손에 넣는 데 그다지 에너지를 쏟지 않습니다.

물론 앞으로의 인생에 좋을 때만 있는 게 아니라 나쁜 시기도 있을지 모릅니다. 하지만 욕심이 적으면 어떻게든 된다는 자신감이 생겼습니다. 그리하여 지금, 하고 싶은 일을 하는 자유를 얻은 셈이지요.

일상에 감동하는 나날

물건에 탐닉했을 때는 아주 맛있는 음식을 먹거나 1년에 한 번 떠나는 여행이나 이벤트처럼 강한 흥분이 없으면, 행복이나 풍족함을 느끼기 힘들었습니다.

그런데 이제는 '부족한 것'이 아니라 '지금 있는 것'을 소중히 여기면서 삶의 작은 일에도 풍족함을 느끼게 되었습니다.

"대단해." "예쁘다." "맛있어." "기분 좋네." 지금 있는 것에서 기쁨을 찾아내고, 매일매일 작은 일에 감동합니다. 아이와 함께 느낍니다. 물건을 줄이고서야 비로소 제 자신을 되찾을 수 있었지요.

미래의 일을 지레 걱정하지 않고, 돈이나 물건에 휘둘리지 않으며, 오늘이라는 하루를 한껏 맛봅니다. 일상은 흥분에 가득 찬 여행이나 이벤트를 위해 존재하지 않습니다. 하루하루가 소중한 나날들입니다. 제가 아끼는 물건들을 알뜰하게 쓰며 충만하고 감사한 마음으로 오늘 하루를, 그리고 인생을 보내고 싶습니다.

"물건을 소유하는 것에 대하여"

2011년 3월 11일. 쓰나미가 모든 것을 집어삼키는 악몽 같은 영상을 보았을 때, 제 안에서 무언가가 변했습니다. 건설 업무에 종사하고 있는 저는 우리들이 만든 도로나 다리가 자연의 힘으로 허망하게 무너지는 장면을 보고, 머릿속이 새하얘졌습니다. 그리고 다음날 발생한 후쿠시마 원자력 발전소 사고. 전부터 예상해 온 재앙이 현실이 되었지요.

'이대로 아이들의 미래를 맡길 수는 없다.'

그때까지도 심플하고 간결한 생활에 신경 써왔지만, 동일본 대지진 후 물건을 소유하는 개념을 근본적으로 다시 바라보게 되었습니다. 정말 필요한 물건만으로 생활하며 가볍게 살고 싶다고 강렬히 바라게 되었습니다. 그리고 그런 생활을 시작하고 나자, 일에 바쁘게 치이기만 하고 돈도 많이 쓰던 생활이 극적으로 바뀌었습니다.

심플하고 간결하게 살기 시작하자 생활이 편안해졌습니다. 뿐만 아니라 자연스레 환경에도 부담을 주지 않게 되었습니다. 먹을거리, 원재료, 건축 자재도 최소한으로 억제할 수 있었습니다. 자원도 토지도 무한하지 않습니다. 우리 자신의 삶과 건강, 지구 환경까지 망가뜨려 가며 경제를 성장시키는 것은 이제 낡은 발전 방식입니다.

저는 '아이들이 안심하고 활기차게 살 수 있는 세계'를 이상적인 삶이라고 생각합니다. 그리고 제가 실천하고 있는 심플하고 간결한 생활이 결국 아이들에게 살기 좋은 집을 만들어 주고, 나아가 이 세계를 제가 바라는 이상적 형태로 변화시키는 작은 계기가 되리라 믿고 있습니다.

물건을 고르는 소비의 중심에 있는 주부 한 사람 한 사람이 소비 행태를 바꾸면, 작은 힘으로도 큰 변화를 일으킬 수 있습니다. 사람은 언제든 변합니다. 옷을 400벌 갖고 있던 저도 바뀌었지요. 나의 선택이 내 삶을 결정합니다. 무엇을 소유할지 잘 선별하면 마음이 편안한 생활이 가능해집니다.

옮긴이 **강수연**

이화여대 신문방송학과를 졸업하고, YTN과 네이버 뉴스팀에서 14년간 뉴스를 취재·편집했다. 도쿄 생활 3년 이후 글밥아카데미 일본어 출판번역 과정을 수료, 현재 바른번역 소속 번역가로 활동하며 원작의 결을 살리는 번역에 정성을 다한다. 『가르치는 힘』, 『괜찮아, 다 잘되고 있으니까』, 『42세에 첫 회사를 시작하면서 얻은 교훈 20가지』, 『가족이 날 아프게 한다』, 『좋아하는 일만 하며 재미있게 살 순 없을까?』 등의 외서를 기획·번역했다.

아이 셋 워킹맘의 간결한 살림법

초판 1쇄 인쇄 2017년 10월 11일
초판 3쇄 발행 2018년 10월 15일

지은이 오자키 유리코 | **옮긴이** 강수연 | **펴낸이** 김종길 | **펴낸곳** 글담출판사
책임편집 이경숙 | **편집** 이은지, 이경숙, 김진희, 김보라, 김은하, 안아람
디자인 정현주, 박경은, 손지원 | **마케팅** 박용철, 김상윤 | **홍보** 윤수연 | **관리** 박은영

출판등록 1998년 12월 30일 제2013-000314호
주소 (04209) 서울시 마포구 월드컵로8길 41(서교동)
전화 (02)998-7030 | **팩스** (02)998-7924
블로그 blog.naver.com/geuldam4u
페이스북 www.facebook.com/geuldam4u
인스타그램 www.instagram.com/geuldam

ISBN 979-11-86650-38-7 (13590)
책값은 뒤표지에 있습니다. 잘못된 책은 교환해드립니다.

이 도서의 국립중앙도서관 출판시도서목록(CIP)은 e-CIP 홈페이지(www.nl.go.kr/ecip)와 국가자료공동목록시스템(www.nl.go.kr/kolisnet)에서 이용 가능합니다.
(CIP 제어번호 : CIP2017023926)

글담출판사에서는 참신한 발상과 따뜻한 시선을 담은 원고를 기다립니다.
여러분의 소중한 경험과 지식을 나눠주세요. 원고는 이메일로 보내주시면 됩니다.
이메일 geuldam4u@naver.com